AF193321

Herramientas matemáticas para Fundamentos de Fluidos

Herramientas matemáticas para Fundamentos de Fluidos

Esmeralda Mainar Maza
Jorge Alberto Jover Galtier
Pilar Brufau García

Herramientas matemáticas para Fundamentos de Fluidos

Primera edición: 2024

ISBN: 9788419786494
Depósito legal: SE 369-2024

© de los textos:
   Esmeralda Mainar Maza
   Jorge Alberto Jover Galtier
   Pilar Brufau García

© de esta edición:
   Editorial Aula Magna, 2024. McGraw-Hill Interamericana de España S.L.
   editorialaulamagna.com
   info@editorialaulamagna.com

Impreso en España – Printed in Spain

Índice general

Capítulo 1

Introducción

La Mecánica de Fluidos es una rama de la física y la ingeniería que se encarga del estudio del comportamiento de los fluidos, es decir, de los líquidos y los gases, y de cómo actúan ante diversas fuerzas y condiciones. Los fluidos, a diferencia de los sólidos, tienen la capacidad de fluir y adaptarse a la forma del recipiente que los contiene, y una de sus propiedades físicas fundamentales es la viscosidad.

La Mecánica de Fluidos abarca una amplia gama de fenómenos y procesos, incluyendo el flujo de líquidos a través de tuberías, el comportamiento de los gases en la atmósfera, la aerodinámica de los aviones y cualquier medio de transporte, la hidrodinámica o estabilidad de los barcos, el movimiento del flujo de agua en los ríos y la formación de olas en los océanos, entre muchos otros; y se basa en principios fundamentales de la física, como las leyes de conservación de la masa, la energía y el momento, que son aplicadas para describir y analizar los diferentes tipos de flujos y sus interacciones con sólidos y superficies.

Como hemos indicado, esta disciplina es esencial para el diseño y optimización de una amplia gama de sistemas y aplicaciones en ingeniería y ciencias. Por ejemplo, es fundamental para el diseño de turbinas hidráulicas y de aerogeneradores, para la planificación y diseño de redes de abastecimiento y distribución de agua, para la comprensión y predicción del clima y la meteorología, y para el desarrollo de vehículos más eficientes y seguros. En resumen, la Mecánica de Fluidos es una disciplina crucial que nos ayuda a comprender y controlar los comportamientos complejos de los fluidos en diversas situaciones, permitiéndonos mejorar y desarrollar tecnologías que impactan directamente en nuestra vida diaria y en la forma en que interactuamos con el mundo que nos rodea.

Resolver problemas en Mecánica de Fluidos requiere del uso de diversas herramientas matemáticas para analizar y describir su comportamiento. Algunas de las herramientas matemáticas clave utilizadas en la resolución de problemas de fluidos son: el análisis vectorial y matricial, el cálculo integral y diferencial, y las ecuaciones diferenciales.

Este libro libro pretende ser una guía completa y accesible de los conceptos básicos y fundamentales de la dinámica de fluidos y, al mismo tiempo, explorar y comprender las herramientas matemáticas que son fundamentales para entender y resolver los desafíos que presenta el estudio de los fluidos.

A lo largo de los capítulos, se describen diferentes aspectos del comportamiento de los fluidos, junto al dominio de las herramientas matemáticas, esencial para abordar con éxito los problemas que surgen en la dinámica de fluidos. Así, nos detendremos en el estudio de magnitudes vectoriales y tensoriales, operadores básicos, cálculo integral y diferencial, entre otros temas clave. Cada herramienta matemática se presentará de manera clara, concisa y con ejemplos ilustrativos, mostrando su aplicación directa en la resolución de problemas relacionados con los fluidos, para después encontrar problemas resueltos ahondando en los detalles. Por último, se proponen problemas para practicar las herramientas descritas y así avanzar en el aprendizaje de la disciplina.

El aprovechamiento adecuado de los recursos presentados en este libro no requiere de unos conocimientos profundos previos de las dos disciplinas que conforman este libro. El deseo de los autores es que este libro se convierta en un recurso valioso para estudiantes que busquen fortalecer sus conocimientos en Mecánica de Fluidos y consolidar su dominio de las herramientas matemáticas esenciales para este campo.

Capítulo 2

Magnitudes escalares, vectoriales y tensoriales

La Mecánica de Fluidos analiza la acción de los fluidos en reposo o en movimiento desempeñando las magnitudes matemáticas escalares, vectoriales y tensoriales un papel fundamental a la hora de describir y analizar diversos aspectos del comportamiento de los mismos. Las magnitudes escalares son aquellas que se caracterizan únicamente por su magnitud numérica, sin tener en cuenta ninguna dirección específica. En el contexto de la dinámica de fluidos, ejemplos de magnitudes escalares incluyen la densidad, la presión, la temperatura y la viscosidad. Estas magnitudes proporcionan información importante sobre las propiedades y el estado de un fluido en un punto dado, y son esenciales para comprender cómo los fluidos responden a fuerzas y cambios en su entorno. Las magnitudes vectoriales representan tanto una magnitud como una dirección. En la dinámica de fluidos, las cantidades vectoriales son especialmente relevantes debido a la naturaleza tridimensional y el flujo en diferentes direcciones de los fluidos. Ejemplos de magnitudes vectoriales incluyen la velocidad del fluido, la aceleración, la fuerza y el momento angular. Estas magnitudes permiten describir cómo los fluidos se mueven, cómo interactúan con su entorno y cómo se distribuyen las fuerzas en diferentes direcciones. Por último, las magnitudes tensoriales son aquellas que requieren más que una magnitud y una dirección para describirse completamente. Los tensores son representaciones matemáticas que pueden abordar la variación de una magnitud en múltiples direcciones y planos. En la dinámica de fluidos, los tensores de esfuerzos y los tensores de velocidad de deformación y rotación son particularmente relevantes. Estos tensores permiten describir cómo las fuerzas y los cambios en la velocidad se distribuyen en un fluido en movimiento y cómo varían en diferentes direcciones. La relación entre estas magnitudes radica en cómo interactúan para describir y analizar el comportamiento complejo de los fluidos en diferentes situaciones. Por ejemplo, al estudiar el flujo de un fluido a través de un conducto, necesitaremos considerar la velocidad (magnitud vectorial) del fluido en diferentes secciones, la presión (magnitud escalar) en varios puntos y cómo estas magnitudes se relacionan entre sí a través de ecuaciones fundamentales.

2.1 Tipos de magnitudes

Para cuantificar los fenómenos que se producen a nuestro alrededor y representar las variables físicas podemos considerar diferentes tipos de magnitudes: escalares, vectoriales y tensoriales, tal y

3

como hemos introducido.

Las magnitudes escalares son aquellas que quedan totalmente determinadas por un número real y la correspondiente unidad de medida. Así, la masa (kg), el volumen (m^3), la longitud (m), la energía (J), la presión (N/m^2), la densidad (kg/m^3) o la temperatura (K) son algunos ejemplos de magnitudes escalares y, entre paréntesis, se han indicado sus unidades de medida. Las magnitudes escalares pueden ser constantes, o bien funciones del espacio y el tiempo. El estudio de funciones escalares se desarrollará en el siguiente tema.

Las magnitudes vectoriales requieren más información y quedan determinadas por un número o módulo, que es una magnitud escalar expresada con una unidad de medida, junto con una dirección y un sentido. Por ejemplo, para determinar la velocidad de un móvil, además de su módulo, llamado «rapidez», medido en m/s, debemos determinar la dirección de su movimiento (dada por la recta tangente a la trayectoria que describe) y su sentido (determinado por una de las dos posibles orientaciones de la recta tangente). Otros ejemplos de magnitudes vectoriales son la posición, la fuerza y la aceleración, cuyos módulos pueden medirse en m, N y m/s^2, respectivamente. El efecto de las magnitudes anteriores dependerá de su módulo, así como de la dirección y el sentido en el que actúan. Al igual que en el caso de las magnitudes escalares, una magnitud vectorial puede ser constante o puede variar en el espacio y el tiempo, tanto en su módulo como en su dirección y sentido.

2.2 Vectores y notación indicial

Generalmente, los vectores se denotan insertando una flecha $\vec{}$ encima del símbolo que lo representa. Así pues, el vector posición, el vector velocidad y el vector aceleración se representarán mediante $\vec{r}$, $\vec{v}$, $\vec{a}$, respectivamente.

Consideraremos vectores en el espacio euclídeo tridimensional $\mathbb{R}^3$ y los describiremos mediante coordenadas. Cada sistema de coordenadas está formado por un punto de referencia, al que llamaremos «origen», y tres vectores unitarios (con módulo 1) y perpendiculares entre sí, a los que denotaremos mediante $\vec{e}_1$, $\vec{e}_2$, $\vec{e}_3$. Las coordenadas de un vector cualquiera en este sistema quedarán representadas por la letra con la que se denota el vector y un subíndice $i = 1, 2, 3$. Esto es lo que se conoce como «notación indicial». Dadas sus coordenadas, un vector podrá denotarse bien como un conjunto de sus tres coordenadas, bien como una combinación lineal de los vectores de la base. Así, un vector $\vec{u} \in \mathbb{R}^3$ puede escribirse en función de sus coordenadas u_1, u_2, u_3 de las siguientes maneras:

$$\vec{u} = (u_1, u_2, u_3) = u_1\vec{e}_1 + u_2\vec{e}_2 + u_3\vec{e}_3 = \sum_{i=1}^{3} u_i\vec{e}_i = u_i\vec{e}_i. \tag{2.1}$$

En esta última igualdad se ha utilizado el llamado «convenio de Einstein», consistente en omitir los sumatorios en los casos en que la suma queda implícita por la propia notación, a través de los subíndices. La notación indicial según el convenio de Einstein sigue las siguientes reglas:

a) Un índice repetido (o índice mudo) en una expresión representa un sumatorio en el que dicho índice tomará los valores $1, 2, \ldots, n$, siendo n la dimensión del espacio euclídeo considerado.

En general, $n = 3$ y, en ese caso,

$$u_i \vec{e}_i = \sum_{i=1}^{3} u_i \vec{e}_i = u_1 \vec{e}_1 + u_2 \vec{e}_2 + u_3 \vec{e}_3.$$

También podremos encontrar expresiones con dos índices mudos como la siguiente:

$$u_{i,j} x_i x_j = \sum_{i=1}^{3} \sum_{j=1}^{3} u_{i,j} x_i x_j = u_{11} x_1 x_1 + u_{1,2} x_1 x_2 + u_{1,3} x_1 x_3$$
$$+ u_{2,1} x_2 x_1 + u_{2,2} x_2 x_2 + u_{2,3} x_2 x_3 + u_{31} x_3 x_1 + u_{3,2} x_3 x_2 + u_{3,3} x_3 x_3.$$

Los índices mudos de una expresión algebraica se pueden denotar mediante diferentes letras sin que ello suponga un cambio en la expresión. Así, por ejemplo, podemos escribir las siguientes igualdades para cambiar el índice mudo i por el índice mudo k:

$$a_{i,j} b_i = \sum_{i=1}^{3} a_{i,j} b_i = \sum_{k=1}^{3} a_{k,j} b_k = a_{k,j} b_k.$$

b) Un índice no repetido en una expresión se dice que es un índice libre. En la expresión $u_{i,j} x_i$, el índice j es libre y entonces

$$u_{i,j} x_i = \sum_{i=1}^{3} u_{i,j} x_i = u_{1,j} x_1 + u_{2,j} x_2 + u_{3,j} x_3.$$

c) En el espacio euclídeo $\mathbb{R}^3$, una expresión algebraica con n índices libres tendrá un total de 3^n términos. Por ejemplo, la expresión $b_{i,i}$ no tiene índices libres, por lo que representa un único término. Sin embargo, b_i tiene un índice libre y equivale a tres términos: b_1, b_2 y b_3, mientras que $b_{i,j}$ tiene dos índices libres y representa 3^2 términos: $b_{1,1}, b_{1,2}, b_{1,3}, b_{2,1}, b_{2,2}, b_{2,3}, b_{3,1}, b_{3,2}, b_{3,3}$.

Una rotación en el sistema de coordenadas transformará los vectores $\vec{e}_i$ en otros vectores $\vec{a}_i$. En consecuencia, todo vector $\vec{u} = u_i \vec{e}_i$ se expresará en términos del nuevo sistema de coordenadas como $\vec{u} = v_j \vec{a}_j$. Las coordenadas v_j respecto de la nueva base satisfacen:

$$v_j = \cos(\alpha_{i,j}) u_i$$

donde $\alpha_{i,j}$ es el ángulo que forma el vector $\vec{e}_i$ con el vector $\vec{a}_j$.

2.3 Tensores

Los tensores son entidades algebraicas que generalizan la noción de escalar, vector y matriz. En Mecánica de Fluidos es habitual utilizarlos para la representación de esfuerzos (fuerzas por unidad de superficie) que, cuando actúan sobre un vector, cambian su módulo y su dirección. El orden de los tensores viene determinado por el número de índices libres de sus factores.

A continuación, ilustraremos el uso de la notación indicial y algunas propiedades de los tensores que, en lo sucesivo, serán de gran utilidad.

Las constantes y escalares son tensores de orden 0 cuya representación no requiere del uso de subíndices (0 índices libres). Utilizaremos los tensores de orden 0 para representar magnitudes escalares como la presión, la temperatura o la densidad, entre otras.

Los vectores son tensores de orden 1 con 1 índice libre que toman todos los valores naturales hasta la dimensión del espacio. Si se utiliza la notación indicial, los vectores se representan mediante aquel símbolo que lo representa y un único subíndice. Así, por ejemplo, la notación indicial del vector velocidad es

$$\vec{v} = v_i,$$

donde v_i equivale a (v_1, v_2, v_3) o, equivalentemente, $v_i \vec{e_i}$ (si se trabaja en el espacio euclídeo tridimensional).

Las matrices se representan mediante tensores de orden 2 con dos índices libres que toman todos los valores naturales hasta la dimensión del espacio. El primer índice libre representa el número de fila de la matriz considerada y el segundo índice libre representa el número de columna. Los tensores de orden 2 se pueden denotar insertando dos flechas $\leftrightarrow$ encima del símbolo que los representa. Por ejemplo, el tensor de esfuerzos $\vec{\vec{\tau}}$ tiene las siguientes representaciones equivalentes:

$$\vec{\vec{\tau}} = \tau_{i,j} = \begin{pmatrix} \tau_{1,1} & \tau_{1,2} & \tau_{1,3} \\ \tau_{2,1} & \tau_{2,2} & \tau_{2,3} \\ \tau_{3,1} & \tau_{3,2} & \tau_{3,3} \end{pmatrix}.$$

A modo de ejemplo, y para ilustrar las ventajas de la notación indicial, también podemos considerar el tensor velocidad de deformación global para una partícula fluida:

$$\vec{\vec{e}}_G = \begin{pmatrix} \dfrac{\delta v_1}{\delta x_1} & \dfrac{1}{2}\left(\dfrac{\delta v_2}{\delta x_1} + \dfrac{\delta v_1}{\delta x_2}\right) & \dfrac{1}{2}\left(\dfrac{\delta v_3}{\delta x_1} + \dfrac{\delta v_1}{\delta x_3}\right) \\ \dfrac{1}{2}\left(\dfrac{\delta v_2}{\delta x_1} + \dfrac{\delta v_1}{\delta x_2}\right) & \dfrac{\delta v_2}{\delta x_2} & \dfrac{1}{2}\left(\dfrac{\delta v_2}{\delta x_3} + \dfrac{\delta v_3}{\delta x_2}\right) \\ \dfrac{1}{2}\left(\dfrac{\delta v_3}{\delta x_1} + \dfrac{\delta v_1}{\delta x_3}\right) & \dfrac{1}{2}\left(\dfrac{\delta v_2}{\delta x_3} + \dfrac{\delta v_3}{\delta x_2}\right) & \dfrac{\delta v_3}{\delta x_3} \end{pmatrix}.$$

Utilizando una representación indicial, este tensor viene dado por

$$\vec{\vec{e}}_G = e_{Gi,j} = \frac{1}{2}\left(\frac{\delta v_j}{\delta x_i} + \frac{\delta v_i}{\delta x_j}\right).$$

A diferencia del caso vectorial, si se produce una rotación de ángulo α en el sistema de coordenadas que transforma a los vectores $\vec{e_i}$ en otros vectores $\vec{a_j}$, un tensor de orden 2, $\vec{\vec{\tau}} = \tau_{i,j}$, no varía y por ello sus componentes $\tau_{i,j}$ y $\eta_{i,j}$ respecto del sistema coordenado inicial y final, respectivamente, verifican

$$\eta_{p,q} = \cos(\alpha_{i,p})\cos(\alpha_{j,q})\tau_{i,j}, \quad p, q = 1, 2, 3,$$

donde $\alpha_{r,s}$ es el ángulo formado por los vectores $\vec{e_r}$ y $\vec{a_s}$.

Como caso particular de tensor de orden 2 tenemos la **delta de Kronecker**, denotada por $\delta_{i,j}$ y definida por:

$$\delta_{i,j} := \begin{cases} 1, & \text{si } i = j, \\ 0, & \text{si } i \neq j. \end{cases}$$

Si utilizamos una notación matricial, la delta de Kronecker se representa mediante la matriz identidad:

$$\delta_{i,j} = \begin{pmatrix} 1 & 0 & 0 \\ 0 & 1 & 0 \\ 0 & 0 & 1 \end{pmatrix}.$$

Como veremos más adelante, el tensor delta de Kronecker es de gran utilidad en el desarrollo de expresiones algebraicas vectoriales. A continuación, presentamos algunas propiedades interesantes en las que aparece la delta de Kronecker:

a) El producto de un vector por la delta de Kronecker da como resultado una de las componentes del vector, correspondiente al índice libre de la expresión:

$$a_i \delta_{1,i} = a_1 \delta_{1,1} + a_2 \delta_{1,2} + a_3 \delta_{1,3} = a_1.$$

Esta propiedad no se restringe al caso de vectores, sino a cualquier campo vectorial, como el siguiente:

$$\frac{\delta P}{\delta x_i} \delta_{1,i} = \frac{\delta P}{\delta x_1} \delta_{1,1} + \frac{\delta P}{\delta x_2} \delta_{1,2} + \frac{\delta P}{\delta x_3} \delta_{1,3} = \frac{\delta P}{\delta x_1}.$$

b) El producto de un tensor por la delta de Kronecker da como resultado una de las componentes del tensor, correspondiente a los dos índices libres de la expresión:

$$\tau_{k,i} \delta_{i,j} = \tau_{k,1} \delta_{1,j} + \tau_{k,2} \delta_{2,j} + \tau_{k,3} \delta_{3,j} = \tau_{k,j},$$

Un **tensor de orden** 3, con tres índices libres que toman todos los valores naturales hasta la dimensión del espacio, es el tensor de mayor orden que utilizaremos. En particular, consideraremos el tensor alternador o tensor de Levi-Civita que viene definido mediante la siguiente fórmula:

$$\varepsilon_{i,j,k} := \begin{cases} 1, & \text{si } (i,j,k) \in \{(1,2,3),(2,3,1),(3,1,2)\}, \\ -1, & \text{si } (i,j,k) \in \{(3,2,1),(1,3,2),(2,1,3)\}, \\ 0, & \text{si } i = j \ \text{ o } \ i = k \ \text{ o } \ j = k. \end{cases} \tag{2.2}$$

2.4 Representación indicial de operaciones vectoriales y tensoriales

En esta sección repasaremos algunas operaciones entre vectores y deduciremos su representación indicial para poder familiarizarnos con esta notación.

Dados dos vectores $\vec{u} = u_i, \vec{v} = v_i \in \mathbb{R}^3$:

a) El vector suma es

$$\vec{u} + \vec{v} := u_i + v_i$$

y está contenido en el plano determinado por los vectores $\vec{u}$ y $\vec{v}$.

b) El producto de un escalar $\lambda \in \mathbb{R}$ por el vector $\vec{u}$ es un nuevo vector definido por:

$$\lambda\vec{u} := \lambda u_i. \tag{2.3}$$

c) El producto escalar de $\vec{u}$ y $\vec{v}$ es el número real $\vec{u} \cdot \vec{v}$ definido por

$$\vec{u} \cdot \vec{v} := \|\vec{u}\|\|\vec{v}\| \cos\alpha, \tag{2.4}$$

donde $\|\vec{u}\|$ y $\|\vec{v}\|$ representa el módulo o norma de los vectores $\|\vec{u}\|$ y $\|\vec{v}\|$, respectivamente y, por otra parte, α es el ángulo determinado por los vectores $\vec{u}$ y $\vec{v}$. Teniendo en cuenta que $\cos(0) = 1$, se puede deducir el valor del módulo o norma en términos del producto escalar:

$$\sqrt{\vec{u} \cdot \vec{u}} = (\vec{u} \cdot \vec{u})^{1/2} = \|\vec{u}\|.$$

A partir de la definición (2.4), teniendo en cuenta que $\cos(\pi/2) = 0$, los vectores ortogonales o perpendiculares quedan caracterizados por ser aquéllos cuyo producto escalar es cero. La base $(\vec{e}_1, \vec{e}_2, \vec{e}_3)$ del espacio $\mathbb{R}^3$ está formada por vectores de módulo 1 ortogonales entre sí y, por lo tanto, podemos escribir

$$\vec{e}_i \cdot \vec{e}_j = \delta_{i,j}.$$

Si los vectores vienen expresados en términos de la base $(\vec{e}_1, \vec{e}_2, \vec{e}_3)$, es decir, $\vec{u} = u_i = u_i\vec{e}_i$ y $\vec{v} = v_j = v_j\vec{e}_j$, entonces

$$\vec{u} \cdot \vec{v} = (u_i\vec{e}_i) \cdot (v_j\vec{e}_j) = u_iv_j(\vec{e}_i \cdot \vec{e}_j) = u_iv_j\delta_{i,j} = u_iv_i. \tag{2.5}$$

En consecuencia, la expresión de la norma del vector $\vec{u}$ es

$$\|\vec{u}\| = (\vec{u} \cdot \vec{u})^{1/2} = \sqrt{u_i^2}.$$

d) El producto vectorial de los vectores $\vec{u}$ y $\vec{v}$ es el vector $\vec{u} \times \vec{v}$ cuya dirección es perpendicular al plano determinado por los vectores $\vec{u}$ y $\vec{v}$, su sentido viene dado por la regla de la mano derecha y su módulo es

$$\|\vec{u} \times \vec{v}\| = \|\vec{u}\|\|\vec{v}\| \sin\alpha, \tag{2.6}$$

siendo α el ángulo determinado por los vectores $\vec{u}$ y $\vec{v}$. El producto vectorial $\vec{u} \times \vec{v}$ se puede expresar mediante el siguiente determinante:

$$\vec{u} \times \vec{v} = \begin{vmatrix} \vec{e}_1 & \vec{e}_2 & \vec{e}_3 \\ u_1 & u_2 & u_3 \\ v_1 & v_2 & v_3 \end{vmatrix} = \vec{e}_1 \begin{vmatrix} u_2 & u_3 \\ v_2 & v_3 \end{vmatrix} - \vec{e}_2 \begin{vmatrix} u_1 & u_3 \\ v_2 & v_3 \end{vmatrix} + \vec{e}_3 \begin{vmatrix} u_1 & u_2 \\ v_1 & v_2 \end{vmatrix}$$

$$= (u_2 v_3 - u_3 v_2)\vec{e}_1 - (u_1 v_3 - u_3 v_1)\vec{e}_2 + (u_1 v_2 - u_2 v_1)\vec{e}_3.$$

A partir de la definición (2.6), teniendo en cuenta que $\mathbf{sen}(0) = 0$, los vectores paralelos quedan caracterizados por ser aquellos cuyo producto vectorial es cero.

Observemos que, usando el tensor alternador en (2.2), el producto vectorial de dos vectores de la base $(\vec{e}_1, \vec{e}_2, \vec{e}_3)$ se puede expresar del siguiente modo:

$$\vec{e}_i \times \vec{e}_j = \varepsilon_{i,j,k}\vec{e}_k. \tag{2.7}$$

De este modo, usando las igualdades en (2.7), el producto vectorial entre los vectores $\vec{u} = u_i = u_i\vec{e}_i$ y $\vec{v} = v_j = v_i\vec{e}_j$ se puede escribir así:

$$\vec{u} \times \vec{v} = u_i\vec{e}_i \times v_j\vec{e}_j = u_i v_j \left(\vec{e}_i \times \vec{e}_j\right) = \varepsilon_{i,j,k} u_i v_j \vec{e}_k.$$

Las coordenadas del producto tensorial de $\vec{u}$ por $\vec{v}$ son, por tanto,

$$(\vec{u} \times \vec{v})_k = \varepsilon_{i,j,k} u_i v_j.$$

e) El producto diádico entre dos vectores es un tensor de segundo orden $\vec{u}\vec{v}$ cuya representación matricial es la siguiente:

$$\vec{u}\vec{v} := \begin{pmatrix} u_1 v_1 & u_1 v_2 & u_1 v_3 \\ u_2 v_1 & u_2 v_2 & u_2 v_3 \\ u_3 v_1 & u_3 v_2 & u_3 v_3 \end{pmatrix}, \tag{2.8}$$

siendo sus coordenadas $(\vec{u}\vec{v})_{i,j} = u_i v_j$.

Las operaciones entre vectores definidas anteriormente se pueden generalizar al espacio de los tensores.

a) En general, el producto tensorial (al que también se le denomina producto sin punto) entre un tensor de orden r y un tensor de orden s es un tensor de orden $r + s$.

En particular, el producto entre un escalar $\lambda \in \mathbb{R}$ (tensor de orden 0) y un vector $\vec{u} = u_i$ (tensor de orden 1) es un vector (tensor de orden 1) definido por (2.3).

El producto de un escalar $\lambda \in \mathbb{R}$ (tensor de orden 0) por un tensor de orden 2 (o matriz) $\vec{\vec{\tau}}$ es un tensor de orden 2 (o matriz):

$$\lambda\vec{\vec{\tau}} = \lambda\tau_{i,j}.$$

Por otra parte, si ambos tensores $\vec{u}$, $\vec{v}$ son de orden 1 (vectores), su producto tensorial es un tensor de orden 2, es decir, una matriz, y el producto coincide con el producto diádico definido

9

en (2.8).

Observemos que, en ambos casos, no se escribe punto entre los tensores sobre los que se opera.

$b)$ El producto escalar (también denominado producto con punto) de un tensor de orden r y otro tensor de orden s es un nuevo tensor cuyo orden es $r + s - 2$.

Así pues, el producto escalar (con punto) entre dos vectores (tensores de orden 1) tiene por resultado un tensor de orden 0 (un escalar) y coincide con el producto escalar definido en (2.5)

$$\vec{u} \cdot \vec{v} = u_i v_i.$$

El producto escalar entre un tensor de orden 1 (vector) y un tensor de orden 2 (matriz) da como resultado un tensor de orden 1 (vector)

$$\vec{u} \cdot \vec{\vec{v}} = u_i v_{i,j}.$$

El producto escalar entre dos tensores de orden 2 $\vec{\vec{u}}$ y $\vec{\vec{v}}$ es un tensor de orden 1 (vector)

$$\vec{\vec{u}} \cdot \vec{\vec{v}} = u_{i,j} v_{j,k}.$$

$c)$ El producto doble punto entre un tensor de orden r y otro tensor de orden s es un nuevo tensor de orden $r + s - 4$.

Así pues, el producto doble entre $\vec{\vec{u}}$ y $\vec{\vec{v}}$, tensores de orden 2 (matrices), resulta ser un tensor de orden 0 (un escalar)

$$\vec{\vec{u}} : \vec{\vec{v}} := u_{i,j} v_{i,j}.$$

2.5 Sistemas de coordenadas en $\mathbb{R}^3$

El sistema de coordenadas fundamental en cualquier espacio euclídeo es el de **coordenadas carte-sianas**. En el espacio euclídeo tridimensional $\mathbb{R}^3$, cada coordenada está relacionada con cada una de las tres direcciones del espacio. Los vectores unitarios en cada uno de los ejes del sistema de referencia de coordenadas cartesianas se denotarán como $\vec{i}$, $\vec{j}$, $\vec{k}$. De esta forma, todo vector $\vec{u}$ se puede escribir como combinación lineal de los tres vectores de la base, es decir,

$$\vec{u} = u_x \vec{i} + u_y \vec{j} + u_z \vec{k}.$$

Claramente, $\vec{i} = (1, 0, 0)$, $\vec{j} = (0, 1, 0)$, $\vec{k} = (0, 0, 1)$ y podemos identificar $\vec{e}_1 = \vec{i}$, $\vec{e}_2 = \vec{j}$ y $\vec{e}_3 = \vec{k}$.

Existen otros sistemas de coordenadas en $\mathbb{R}^3$, como el sistema de coordenadas cilíndricas, de gran utilidad en Mecánica de Fluidos: $\vec{r}$, $\vec{\theta}$, $\vec{z}$, que se usará para geometrías cilíndricas como puede ser el flujo en tuberías o conductos cerrados; o el sistema de coordenadas esféricas $\vec{r}$, $\vec{\theta}$, $\vec{\phi}$ que se usa en flujos atmosféricos. Estos sistemas quedarán descritos adecuadamente en la Sección 4.4.

Ejercicios para practicar

Ejercicio 2.1. Calculemos el valor de las siguientes expresiones algebraicas en las que aparece la delta de Kronecker:

a) $3 - \delta_{i,i} = 3 - \sum_{i=1}^{3} 1 = 3 - 3 = 0.$

b) $\delta_{2,j} a_j = \delta_{2,1} a_1 + \delta_{2,2} a_2 + \delta_{2,3} a_3 = a_2.$

c) $\delta_{i,k} \delta_{k,j} = \delta_{i,1} \delta_{1,j} + \delta_{i,2} \delta_{2,j} + \delta_{i,3} \delta_{3,j} = \delta_{i,j}.$

Ejercicio 2.2. Para los siguientes pares de vectores $\vec{a} = (a_x, a_y, a_z)$ y $\vec{b} = (b_x, b_y, b_z)$, calculemos las siguientes expresiones algebraicas en función de las coordenadas de los vectores:

a) $\vec{a} \cdot \vec{b} = a_i b_i = a_x b_x + a_y b_y + a_z b_z.$

b) $\vec{a} \times \vec{b} = (a_2 b_3 - a_3 b_2)\vec{i} - (a_1 b_3 - a_3 b_1)\vec{j} + (a_1 b_2 - a_2 b_1)\vec{k} = (a_y b_z - a_z b_y)\vec{i} - (a_x b_z - a_z b_x)\vec{j} + (a_x b_y - a_y b_x)\vec{k}.$

c) $\vec{a}\vec{b} = a_i b_j = \begin{pmatrix} a_x b_x & a_x b_y & a_x b_z \\ a_y b_x & a_y b_y & a_y b_z \\ a_z b_x & a_z b_y & a_z b_z \end{pmatrix}.$

Ejercicio 2.3. Sean los vectores $\vec{a} = (2x, 3y, 2x)$, $\vec{b} = (x, 0, 3z)$, $\vec{c} = (xy, 2z, z)$. Calculemos, en función de x, y, z, las siguientes expresiones algebraicas:

a) $\vec{b}(\vec{a} \cdot \vec{c}) = \vec{b} a_i c_i = (x, 0, 3z)(2x^2 y + 6yz + 2xz) = (2x^3 y + 6xyz + 2x^2 z, 0, 6x^2 yz + 18yz^2 + 6xz^2)).$

b) $\vec{c}(\vec{a} \cdot \vec{b}) = \vec{c} a_i b_i = (xy, 2z, z)(2x^2 + 6xz) = (2x^3 y + 6x^2 yz, 4x^2 z + 12xz^2, 2x^2 z + 6xz^2).$

c) $\vec{b} \times \vec{c} = (b_2 c_3 - b_3 c_2)\vec{i} - (b_1 c_3 - b_3 c_1)\vec{j} + (b_1 c_2 - b_2 c_1)\vec{k} = -6z^2\vec{i} - (xz - 3xyz)\vec{j} + 2xz\vec{k}.$

d) $\vec{a} \times (\vec{b} \times \vec{c}) = \vec{a} \times (u_2 v_3 - u_3 v_2)\vec{i} - (u_1 v_3 - u_3 v_1)\vec{j} + (u - 1v_2 - u_2 v_1)\vec{k} = -6z^2\vec{i} - (xz - 3xyz)\vec{j} + 2xz\vec{k} = (6xyz + 2x^2 z - 6x^2 yz)\vec{i} - (4x^2 z + 12xz^2)\vec{j} + (-2x^2 z + 6x^2 yz + 18yz^2)\vec{k}.$

Ejercicio 2.4. Sean $\vec{a}, \vec{b}, \vec{c}$, los vectores del ejercicio anterior. Comprobemos que se verifica la siguiente igualdad:

$$\vec{a} \times (\vec{b} \times \vec{c}) = \vec{b}(\vec{a} \cdot \vec{c}) - \vec{c}(\vec{a} \cdot \vec{b}).$$

$$\begin{aligned}
\vec{b}(\vec{a} \cdot \vec{c}) - \vec{c}(\vec{a} \cdot \vec{b}) =& (2x^3 y + 6xyz + 2x^2 z)\vec{i} + (6x^2 yz + 18yz^2 + 6xz^2)\vec{k} \\
& - (2x^3 y + 6x^2 yz)\vec{i} - (4x^2 z + 12xz^2)\vec{j} - (2x^2 z + 6xz^2)\vec{k} \\
=& (6xyz + 2x^2 z - 6x^2 yz)\vec{i} - (4x^2 z + 12xz^2)\vec{j} + (-2x^2 z + 6x^2 yz + 18yz^2)\vec{k} \\
=& \vec{a} \times (\vec{b} \times \vec{c}).
\end{aligned}$$

11

Capítulo 3

Operadores diferenciales en Mecánica de Fluidos

En Mecánica de Fluidos, las propiedades y variables que representan el flujo se describirán por medio de campos escalares y vectoriales. En este capítulo se generaliza el concepto de escalar, vector y tensor que hemos visto en el capítulo anterior, ya que los campos escalares y vectoriales se utilizan para representar propiedades físicas, como la presión o la velocidad, que varían en cada punto de un fluido tanto en el espacio como en el tiempo. El campo escalar se asociará a una magnitud escalar en cada punto del espacio, mientras que el campo vectorial estará compuesto por magnitudes direccionales y magnitudes de flujo, como la velocidad. Estos campos permiten cuantificar y visualizar cómo ciertas propiedades cambian en el fluido tanto en el tiempo como en el espacio.

Además, en este capítulo se definen varios operadores matemáticos de gran utilidad para operar con los campos anteriormente definidos y se presenta su interpretación física. Estos operadores serán: gradiente, divergencia y rotacional. El operador gradiente es fundamental para comprender cómo varían los campos escalares en el espacio. Proporciona información sobre la dirección y la tasa de cambio más rápida de un campo escalar, lo que puede relacionarse con gradientes de presión o concentración en un fluido, a partir del cual podremos conocer la dirección de máxima variación de la presión alrededor de un vehículo, por ejemplo. La divergencia, por otro lado, captura la tendencia de un campo vectorial a «diverger» o «converger» en un punto dado, lo que está relacionado con la fuente de flujo de un fluido. Finalmente, el operador rotacional mide la rotación local de un campo vectorial, siendo esencial para comprender la circulación y la rotación en el fluido. Desde una perspectiva física, estas operaciones tienen interpretaciones fundamentales en el estudio de fluidos. La divergencia y el rotacional están relacionados con las fuentes y los sumideros de flujo, así como con las rotaciones en el fluido. El gradiente se vincula a las tasas de cambio de propiedades físicas, como las variaciones de presión que impulsan el movimiento del fluido. Comprender estas interpretaciones físicas es esencial para analizar cómo se transmiten las fuerzas y cómo se distribuyen las propiedades en un medio continuo fluido.

En resumen, la interacción entre los conceptos de campos escalares y vectoriales, junto con los operadores gradiente, divergencia y rotacional, proporciona una base teórica matemática sólida para modelar y entender el comportamiento de los fluidos en movimiento. Estos conceptos y operadores son fundamentales para la formulación de las ecuaciones de fluidos y permiten una descripción matemática precisa de los fenómenos que ocurren en el mundo real. Se resolverán en este capítulo problemas sencillos relacionados, ilustrando su aplicación a la Mecánica de Fluidos. Este tema tiene un carácter transversal y es de gran importancia, ya que todos los operadores introducidos se aplicarán en capítulos posteriores y, en general, en cualquier problema de Mecánica de Fluidos.

3.1 Hipótesis de medio continuo

Los fluidos son agregaciones de moléculas que se encuentran muy juntas en su estado líquido y muy separadas en su estado gaseoso. De hecho, la distancia entre las moléculas de un gas puede ser incluso mayor que su propio diámetro. Las moléculas de los fluidos se mueven libremente y no se disponen formando una red, como hacen las moléculas de los sólidos. Por ello, el número de moléculas de un fluido y su posición en un volumen cambia continuamente y resulta difícil representar matemáticamente algunas propiedades físicas que lo describen como, por ejemplo, la densidad. Si la unidad de volumen considerada es mayor que el cubo del espaciado molecular, la cantidad de moléculas en su interior permanece prácticamente constante y solo se produce un intercambio de moléculas en su contorno. Sin embargo, si el volumen elegido es demasiado pequeño, puede haber una variación notable en la distribución general de las moléculas.

En este sentido, existe un valor límite por debajo del cual las variaciones moleculares son tan grandes que no se puede representar matemáticamente ninguna variable física; y por encima del cual el número de moléculas en su interior es siempre el mismo, produciéndose intercambio solo en los contornos y no siendo suficiente para definir variables físicas asociadas al fluido. Para los líquidos y gases sometidos a presión atmosférica, este valor límite es 10^{-9} mm^3 y permite la definición de funciones matemáticas para describir propiedades de los fluidos como la densidad, temperatura, presión, etc.

Observemos que lo mismo ocurre con las magnitudes vectoriales: la velocidad en un punto de un volumen molecular será cero siempre que una molécula no ocupe ese punto concreto. En caso contrario, la velocidad del volumen será la de la molécula en el punto. Por ello, la velocidad puntual o velocidad en un punto de un volumen molecular se define como la velocidad media de todas las moléculas que rodean dicho punto, es decir, la velocidad media de las moléculas dentro de un volumen esférico cuyo radio es mayor que la distancia entre moléculas.

En muchas aplicaciones de interés práctico interesa analizar el comportamiento de la materia en una escala macroscópica, mucho mayor que la distancia entre moléculas. Así, en la Mecánica de Fluidos, la mayor parte de los problemas se relacionan con dimensiones físicas mucho mayores que el citado volumen límite, de forma que las propiedades asociadas a él (densidad, velocidad, aceleración, presión, viscosidad...) pueden definirse puntualmente y ser consideradas como funciones continuas en el espacio. Gracias a ello, podemos ignorar la estructura molecular de la materia cuando describimos su movimiento y podemos decir que un fluido es un medio continuo, ya que la variación de sus propiedades es tan suave que se puede usar el cálculo diferencial para analizar su evolución.

En conclusión, la hipótesis básica de la Mecánica de Fluidos consiste en suponer que, en escala macroscópica, un fluido se comporta como si estuviera dotado de una estructura perfectamente continua o, en definitiva, como si no tuviera estructura alguna. De esta forma, magnitudes como la masa, la cantidad de movimiento y la energía se consideran uniformemente distribuidas en el volumen que ocupan.

3.2 Campos escalares y vectoriales. Continuidad y diferenciabilidad

A continuación presentamos las herramientas matemáticas que van a permitir describir magnitudes escalares y vectoriales relacionadas con los fluidos y su comportamiento.

Definición 3.1. Una función de varias variables $f : C \subset \mathbb{R}^n \to \mathbb{R}^m$, con $n > 1$ se llama «campo».

Si $m = 1$, el campo toma valores reales (o escalares) y, por tanto, se dice que f es un «campo escalar».

Si $m > 1$, el campo calcula vectores en el espacio $\mathbb{R}^m$ y se denomina **campo vectorial**.

Un campo vectorial $f : C \subset \mathbb{R}^n \to \mathbb{R}^m$, con $m > 1$, viene determinado por m componentes $f_i : C \subset \mathbb{R}^n \to \mathbb{R}$, $i = 1, \ldots, m$, que son campos escalares, de tal forma que $f = f_i$.

Los campos escalares permiten la representación de magnitudes escalares. Algunos ejemplos son los siguientes:

- La temperatura T en el instante t de una partícula en la posición (x, y, z):

$$T(x, y, z, t) = 3xz + 2yt, \tag{3.1}$$

- La presión P sobre el punto de coordenadas (x, y, z):

$$P(x, y, z) = xz^2 - y, \tag{3.2}$$

- La densidad ρ de un fluido, dependiente de dos parámetros a y b:

$$\rho(x, y, z) = ay^2 - bxz. \tag{3.3}$$

La representación gráfica de los campos escalares de dos variables puede aportar mucha información. La gráfica de una función $f : C \subset \mathbb{R}^2 \to \mathbb{R}$ es el conjunto de puntos $(x, y, z) \in \mathbb{R}^3$ que satisfacen $z = f(x, y)$. La representación gráfica de campos de más de dos variables no puede dibujarse.

Ejemplo 3.2. Consideremos la elevación de un terreno representado por el campo escalar de dos variables

$$f(x, y) = y^2 - x^2.$$

Su gráfica es el conjunto de puntos en $\mathbb{R}^3$ donde la tercera coordenada z se obtiene a partir de las otras dos mediante la siguiente identidad $z = y^2 - x^2$.

Podemos observar que el corte con el plano XZ, cuya ecuación es $y = 0$, coincide con la parábola $z = -x^2$, mientas que el corte con el plano YZ, con $x = 0$, es otra parábola, en este con ecuación $z = y^2$.

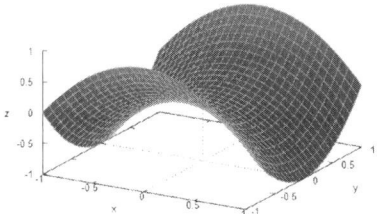

Alternativamente, los campos escalares se pueden representar mediante sus conjuntos de nivel.

Definición 3.3. Dado un campo de dos variables $f : C \subset \mathbb{R}^2 \to \mathbb{R}$, sus curvas de nivel son el conjunto de gráficas del dominio determinadas por la ecuación

$$f(x, y) = c,$$

donde $c \in \mathbb{R}$ es un valor del rango de la función.

El resultado de representar las curvas de nivel de una función es un conjunto de curvas en $\mathbb{R}^2$ que indican la altura a la que se sitúa la gráfica en cada punto. Este tipo de representaciones resulta muy útil tanto para interpretar gráficas de funciones como en aplicaciones prácticas, como pueden ser los mapas topográficos.

Ejemplo 3.4. Consideremos de nuevo el campo escalar $f(x, y) = y^2 - x^2$. Sus curvas de nivel son las gráficas en el plano de las funciones implícitas $y^2 - x^2 = c$, con $c \in \mathbb{R}$.

La gráfica siguiente muestra varias curvas de nivel del campo $f(x, y) = y^2 - x^2$. Podemos observar fácilmente que las curvas de nivel representadas están formadas por los puntos de la superficie $z = y^2 - x^2$, representada en la figura del Ejemplo 3.2, que se encuentran a una misma altura y que, por lo tanto, se obtienen al intersecar la superficie con el plano $z = c$.

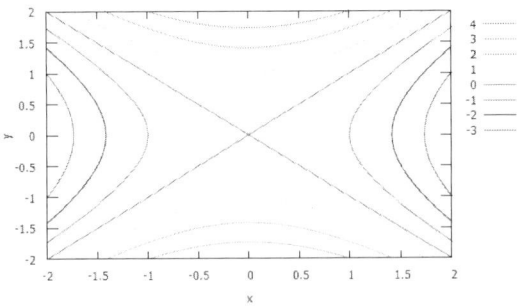

A continuación, se analizan algunos casos particulares:

- Si $c = 0$, la curva de nivel correspondiente tiene por ecuación $y^2 - x^2 = 0$. Observemos que la identidad anterior se cumple si $y = x$, o bien si $y = -x$. Por lo tanto, la curva de nivel correspondiente al nivel $c = 0$ está formada por un par de rectas: la bisectriz del primer y tercer cuadrante, cuya ecuación es $y = x$, y la bisectriz del segundo y cuarto cuadrante, cuya ecuación es $y = -x$. Estas rectas se han representado en color azul en la Figura 3.4.

- Si $c = 1$, la correspondiente curva de nivel tiene por ecuación $y^2 - x^2 = 1$ y es una hipérbola (en color amarillo en la Figura 3.4).

- Si $c = -1$, la correspondiente curva de nivel tiene por ecuación $y^2 - x^2 = -1 \Rightarrow x^2 - y^2 = 1$ y es una hipérbola (en color rojo en la Figura 3.4).

El concepto de curva de nivel de campos escalares de dos variables de la Definición 3.3 se generaliza de forma natural a los campos de tres variables mediante la noción de superficie de nivel.

> **Definición 3.5.** Dado $f : C \subset \mathbb{R}^3 \to \mathbb{R}$, las superficies de nivel están formadas por el conjunto de puntos (x, y, z) del dominio C en los que el campo toma un valor constante c del rango, es decir, verifican la siguiente ecuación:
>
> $$f(x, y, z) = c.$$

Las superficies de nivel de campos de 3 variables vienen descritas mediante ecuaciones implícitas. Dada la función $f : C \subset \mathbb{R}^3 \to \mathbb{R}$, la ecuación

$$f(x, y, z) = c$$

define una superficie en $\mathbb{R}^3$. Esto permite representar figuras más complejas de lo que podría obtenerse simplemente con gráficas. Por ejemplo, la superficie de nivel

$$x^2 + y^2 + z^2 = r^2$$

es una esfera de radio r centrada en el origen, mientras que $x^2 + y^2 = r^2$, con una tercera variable z que no aparece en la relación, tiene como representación un cilindro de radio r y altura infinita cuyo eje es el eje Z.

Por otra parte, utilizaremos campos vectoriales para la representación de magnitudes vectoriales como, por ejemplo:

- La velocidad $\vec{v}$ de una partícula que se encuentra en la posición (x, y, z) en el instante t:

$$\vec{v}(x, y, z, t) = 2xyt\,\vec{i} + 3xz\,\vec{j} - 2t\,\vec{k}. \tag{3.4}$$

- La aceleración $\vec{a}$ de la partícula anterior:

$$\vec{a}(x, y, z) = 2xy\,\vec{i} - 2\,\vec{kj}. \tag{3.5}$$

- La fuerza $\vec{F}$ que actúa sobre un cuerpo que se encuentra en la posición (x, y, z) en el instante t:

$$\vec{F}(x, y, z, t) = x^2 zt\,\vec{i} + yt\,\vec{k}. \tag{3.6}$$

Algunas propiedades de los campos vectoriales vienen caracterizadas por el comportamiento de sus componentes que definen campos escalares. Así, el campo $\vec{v}$ en (3.4) tiene tres componentes y podemos escribir $\vec{v} = v_i$ donde

$$v_1(x, y, z, t) = 2xyt, \quad v_2(x, y, z, t) = 3xz, \quad v_3(x, y, z, t) = -2t$$

son campos escalares. Los campos escalares o vectoriales que no dependen del tiempo se dicen «estacionarios».

3.2.1 Continuidad de los campos

A continuación recordamos la definición formal, también conocida como «epsilon-delta», de límite de una función de varias variables. Esta formulación nos permitirá establecer la noción intuitiva de que los campos continuos en un punto toman valores que se aproximan a la imagen que el campo asigna a dicho punto.

Definición 3.6. Sea $f : C \subset \mathbb{R}^n \to \mathbb{R}^m$ un campo y $\vec{a} \in \mathbb{R}^n$ un punto de acumulación de su dominio C (pero no necesariamente un punto de C). Se dice que $\vec{l} \in \mathbb{R}^m$ es el **límite** de f en el punto $\vec{a}$ si

$$\forall \varepsilon > 0 \quad \exists \delta > 0 \quad \text{tal que si } \vec{x} \in C \text{ y } d(\vec{x}, \vec{a}) < \delta \Rightarrow d(f(\vec{x}), \vec{l}) < \varepsilon, \tag{3.7}$$

donde $d(\vec{u}, \vec{v})$ representa la distancia entre $\vec{u}$ y $\vec{v}$, es decir, $\|\vec{u} - \vec{v}\|$. Si se cumple la condición (3.7), entonces se escribe

$$\lim_{\vec{x} \to \vec{a}} f(\vec{x}) = \vec{l}. \tag{3.8}$$

Definición 3.7. Un campo $f : C \subset \mathbb{R}^n \to \mathbb{R}^m$ es **continuo** en un punto $\vec{a} \in C$ no aislado si existe el límite de la función en $\vec{a}$ y este coincide con $f(\vec{a})$, es decir,

$$\lim_{\vec{x} \to \vec{a}} f(\vec{x}) = f(\vec{a}). \tag{3.9}$$

Si la condición (3.9) no se cumple, se dice que f es discontinuo en $\vec{a}$. Una función es continua en un conjunto si lo es en cada uno de sus puntos.

En general, el análisis de la continuidad de los campos no requiere la aplicación de la definición «epsilon-delta» de límite. En muchas ocasiones, los campos vienen definidos mediante operaciones elementales (suma, resta, producto por escalar, producto o composición) de campos más sencillos cuya continuidad es conocida. Estas operaciones preservan la continuidad y, por ello, podemos deducir directamente la continuidad del campo considerado.

Los campos escalares en (3.1), (3.2), (3.3) son campos continuos, puesto que vienen definidos mediante expresiones polinómicas de sus variables. Por su parte, los campos vectoriales en (3.4), (3.5) y (3.6) también son campos continuos. La continuidad de un campo vectorial queda caracterizada por la continuidad de los campos escalares definidos por sus componentes.

Sin embargo, no es difícil encontrar situaciones en las que una determinada magnitud se describe mediante un campo no continuo.

> **Ejemplo 3.8.** En un espacio unidimensional, consideremos un fluido que se encuentra encerrado en una probeta a 100°C de temperatura, la cual se abre a la atmósfera. Si la temperatura del aire en el entorno de la probeta es de 25°C, y sabiendo que la temperatura decrece con la altura a razón de $6,5$°C por km, entonces la temperatura T (en °C) según la altura x (en m) sobre la probeta en el instante en que esta se abre viene representada por la siguiente función:
>
> $$T(x) = \begin{cases} 100, & \text{si } x < 0, \\ 25 - 0{,}0065x, & \text{si } x \geq 0. \end{cases}$$
>
> Los límites laterales de la función en el punto de separación $x = 0$ son
>
> $$\lim_{T \to 0^-} T(x) = 100, \quad \lim_{T \to 0^+} T(x) = 25.$$
>
> Dado que los límites laterales no coinciden, no existe el límite de la temperatura T en el punto 0 y, por tanto, el campo escalar T presenta una discontinuidad en dicho punto.

3.2.2 Diferenciabilidad

Para entender y poder interpretar físicamente los resultados del cálculo diferencial, es necesario comprender el concepto de derivada de una función real de una variable en un punto de su dominio.

Consideremos una función $f : D \subseteq \mathbb{R} \to \mathbb{R}$ que representa la temperatura en diferentes puntos de un filamento. La gráfica de la función f es la curva $y = f(x)$, definida para los valores $x \in D$ que representan la abscisa de los puntos. Supongamos que queremos comparar la temperatura en el punto $a \in D$ con la temperatura de puntos cercanos del filamento.

Observemos que todas las rectas r_m, $m \in \mathbb{N}$, que pasan por el punto $(a, f(a))$ de la curva $y = f(x)$ pueden representarse matemáticamente mediante su ecuación punto pendiente:

$$y - f(a) = m(x - a),$$

19

donde el valor $m \in \mathbb{R}$ es la pendiente de la recta, determinado por la tangente del ángulo que esta forma con el eje horizontal (la recta $y = 0$). Cada una de estas rectas coincide con la gráfica de una función lineal $r_m(x) = f(a) + m(x - a)$ definida para todo $x \in \mathbb{R}$.

Para un valor $x \in D$, la función diferencia $d_m(x)$ entre los puntos $(x, f(x))$ de la gráfica y $(x, r_m(x))$ de la recta viene dada por

$$d_m(x) := f(x) - r_m(x) = f(x) - f(a) - m(x - a).$$

Si la función f es continua en a y, por tanto, verifica $\lim\limits_{x \to a} f(x) = f(a)$, la función diferencia es claramente una función continua en a y, además,

$$\lim_{x \to a} d_m(x) := \lim_{x \to a} f(x) - f(a) - m(x - a) = 0.$$

Podemos plantearnos si, entre todas las rectas r_m, $m \in \mathbb{N}$ del haz, existe una recta cuyos puntos se encuentren considerablemente más próximos a los puntos de la gráfica $y = f(x)$, de tal manera que $d_m(x)$ sea incluso mucho menor que la distancia entre x y a y se verifica la siguiente condición:

$$\lim_{x \to a} \frac{d_m(x)}{x - a} = 0. \tag{3.10}$$

La ecuación (3.10) puede representarse mediante la siguiente notación de Lambau:

$$d_m(x) = o(x - a), \quad \text{cuando} \quad x \to a. \tag{3.11}$$

Para obtener el valor de m con el que se satisface (3.10), podemos escribir

$$\lim_{x \to a} \frac{d_m(x)}{x - a} = \lim_{x \to a} \frac{f(x) - f(a)}{x - a} - m,$$

deduciendo que $d_m(x) = o(x - a)$ si se cumple que

$$m = \lim_{x \to a} \frac{f(x) - f(a)}{x - a}.$$

Si el límite anterior existe y es un número real, podemos garantizar la existencia de una recta verificando (3.11). Dicha recta tiene por ecuación

$$y - f(a) = m(x - a), \quad m = \lim_{x \to a} \frac{f(x) - f(a)}{x - a}, \tag{3.12}$$

y se denomina «recta tangente» a la curva $y = f(x)$ en $x = a$.

Además, diremos que el valor de la pendiente m es la derivada de f en a y que f es derivable en dicho punto, como se establece en la siguiente definición.

Definición 3.9. Una función $f : D \subseteq \mathbb{R} \to \mathbb{R}$ es derivable en un punto $a \in \text{Dom}(f)$ si existe y es real el siguiente límite:

$$\lim_{x \to a} \frac{f(x) - f(a)}{x - a} \quad \text{o, equivalentemente,} \quad \lim_{t \to 0} \frac{f(a + t) - f(a)}{t}.$$

En ese caso, dicho límite se llama derivada de f en a y se denota por $f'(a)$.

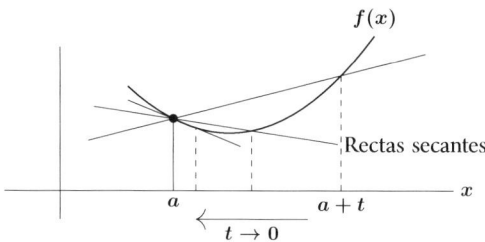

Como hemos visto anteriormente, la derivada de una función de una variable puede interpretarse geométricamente como la pendiente de la recta tangente a la curva con ecuación $y = f(x)$ en el punto $(a, f(a))$. Observemos que la recta tangente,

$$y = f(a) + f'(a)(x - a),$$

va a proporcionar buenas aproximaciones lineales de f en puntos x del dominio próximos al punto a. Efectivamente, si $x - a$ toma un valor pequeño,

$$f(x) - f(a) - f'(a)(x - a),$$

va a tomar un valor considerablemente inferior a $x - a$, y podemos garantizar que $r_m(x) = f(a) + f'(a)(x - a)$ será una excelente aproximación del valor $f(x)$.

Desde el punto de vista de la Física, el valor $f'(a)$ de la derivada se interpreta como la tasa de variación «instantánea» de la función f en a. Por ejemplo, si la variable independiente es el tiempo t, y la variable dependiente es el espacio $x = x(t)$, la derivada determina la velocidad instantánea $v(t) = x'(t)$. Por otra parte, cuando la variable dependiente es la velocidad $v(t)$, la derivada corresponde a la aceleración instantánea $a(t) = v'(t)$.

Es sencillo comprobar que toda función derivable en un punto a de su dominio es continua en este. Para ello, basta considerar la siguiente igualdad:

$$f(x) = \frac{f(x) - f(a)}{x - a}(x - a) + f(a).$$

Si f es derivable en a, el cociente incremental $\dfrac{f(x) - f(a)}{x - a}$ tiende a $f'(a)$ cuando $x \to a$, y entonces

$$\lim_{x \to a} f(x) = \lim_{x \to a} \frac{f(x) - f(a)}{x - a}(x - a) + f(a) = f'(a) \cdot 0 + f(a) = f(a),$$

21

lo que implica la continuidad de f en $x = a$.

Sin embargo, la propiedad recíproca no es cierta y hay funciones continuas que no son derivables. Estas funciones son aquellas cuyas gráficas no son redondeadas y presentan picos, es decir, puntos de la gráfica donde no hay recta tangente (a modo de ejemplo, véase la gráfica correspondiente a $f(x) = |x|$).

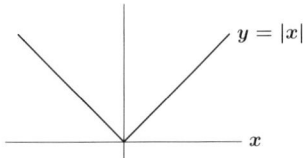

El concepto de derivada no puede generalizarse de forma inmediata a las funciones de varias variables o campos, puesto que el cociente incremental

$$\frac{f(x) - f(a)}{x - a},$$

no es una operación consistente si $x, a \in \mathbb{R}^n$, $n > 1$, al no existir la división entre vectores. De igual modo, tampoco está definido el cociente

$$\frac{f(a + t) - f(a)}{t},$$

si $a \in \mathbb{R}^n$, $n > 1$.

A continuación, recordamos aspectos básicos que van a permitir generalizar la noción de función derivable a las funciones de varias variables o campos.

Definición 3.10. Se dice que un vector $\vec{u} \in \mathbb{R}^n$ es una dirección si $\|\vec{u}\| = 1$.

Recordemos que la recta que pasa por un punto $\vec{a} \in \mathbb{R}^n$ y sigue la dirección dada por $\vec{u}$ se puede representar paramétricamente como sigue,

$$\vec{r}(t) = \vec{a} + t\vec{u}, \quad t \in \mathbb{R}. \tag{3.13}$$

Observemos que cada punto de la recta es un vector de $\mathbb{R}^n$ que se obtiene al sustituir el parámetro t por un número real. En particular, si $t = 0$, el correspondiente punto en la recta es $\vec{r}(0) = \vec{a}$.

La variación de un campo f entre los puntos de la recta $\vec{r}(0) = \vec{a}$ y $\vec{r}(t)$, viene dada por $f(\vec{r}(t)) - f(\vec{a})$. Por otra parte, la distancia entre los puntos considerados, $\vec{a}$ y $\vec{r}(t)$, es $\|\vec{a} - \vec{r}(t)\| = \|t\vec{u}\| = |t|$, por lo que el cociente

$$\frac{f(\vec{a} + t\vec{u}) - f(\vec{a})}{t}$$

puede considerarse como la variación media, o por unidad de longitud, del campo entre dichos puntos. Tomando valores de t que tienden a cero, la variación media converge a la variación instantánea del campo en $\vec{a}$ y se establece el concepto de derivada direccional en ese punto del dominio.

Definición 3.11. Dado un campo $f : C \subseteq \mathbb{R}^n \to \mathbb{R}^m$, un punto $\vec{a} \in C$ y una dirección $\vec{u} \in \mathbb{R}^n$, se llama **derivada direccional** de f en $\vec{a}$ según $\vec{u}$ al siguiente límite, si existe:

$$\frac{\partial f}{\partial \vec{u}}(\vec{a}) = \lim_{t \to 0} \frac{f(\vec{a} + t\vec{u}) - f(\vec{a})}{t}. \tag{3.14}$$

Las derivadas parciales de un campo son las derivadas direccionales correspondientes a las direcciones definidas por los vectores de la base canónica de $\mathbb{R}^n$. Si el campo f es de tres variables, es decir, $n = 3$, podremos definir tres derivadas parciales respecto a la dirección determinada por los vectores $\vec{i}, \vec{j}, \vec{k}$ que se denotan del siguiente modo:

$$\frac{\partial f}{\partial x}(x, y, z) := \frac{\partial f}{\partial \vec{i}} f(x, y, z) = \lim_{t \to 0} \frac{f(\vec{a} + t\vec{i}) - f(\vec{a})}{t},$$

$$\frac{\partial f}{\partial y}(x, y, z) := \frac{\partial f}{\partial \vec{j}}(x, y, z) = \lim_{t \to 0} \frac{f(\vec{a} + t\vec{j}) - f(\vec{a})}{t},$$

$$\frac{\partial f}{\partial z}(x, y, z) := \frac{\partial f}{\partial \vec{k}}(x, y, z) = \lim_{t \to 0} \frac{f(\vec{a} + t\vec{k}) - f(\vec{a})}{t}.$$

Ejemplo 3.12. Consideremos la temperatura determinada por $T(x, y, z) = xz^2 - y$.

La derivada direccional de la temperatura T en el punto del dominio $\vec{a} = (3, -1, 1)$, según la dirección $\vec{u} = (1/\sqrt{5}, 2/\sqrt{5}, 0)$, se calcula como la tasa de variación instantánea del campo al considerar puntos del dominio en la recta

$$\vec{r}(t) = \vec{a} + t\vec{u} = (3 + t/\sqrt{5}, -1 + 2t/\sqrt{5}, 1),$$

es decir,

$$\frac{\partial f}{\partial \vec{u}} T(\vec{a}) = \lim_{t \to 0} \frac{T(3 + t/\sqrt{5}, -1 + 2t/\sqrt{5}, 1) - T(3, -1, 1)}{t} = \lim_{t \to 0} \frac{(4 - t/\sqrt{5}) - 4}{t} = -1/\sqrt{5}.$$

Puesto que $D_{\vec{u}} T(\vec{a}) < 0$, deducimos que la temperatura al pasar por el punto $\vec{a}$ siguiendo la dirección marcada por el vector $\vec{u}$ disminuye.

Las derivadas direccionales respecto de los vectores $\vec{i} = (1, 0, 0)$, $\vec{j} = (0, 1, 0)$ y $\vec{k} = (0, 0, 1)$ en $\vec{a}$ son las derivadas parciales de la temperatura T en dicho punto:

$$\frac{\partial T}{\partial x}(\vec{a}) = \frac{\partial f}{\partial \vec{i}} T(\vec{a}) = \lim_{t \to 0} \frac{T(3 + t, -1, 1) - T(3, -1, 1)}{t} = \lim_{t \to 0} \frac{4 + t - 4}{t} = 1,$$

$$\frac{\partial f}{\partial y}(\vec{a}) = \frac{\partial f}{\partial \vec{j}} T(\vec{a}) = \lim_{t \to 0} \frac{T(3, -1 + t, 1) - T(3, -1, 1)}{t} = \lim_{t \to 0} \frac{4 - t - 4}{t} = -1,$$

$$\frac{\partial f}{\partial z}(\vec{a}) = \frac{\partial f}{\partial \vec{k}} T(\vec{a}) = \lim_{t \to 0} \frac{T(3, -1, 1 + t) - T(3, -1, 1)}{t} = \lim_{t \to 0} \frac{4 + 6t + 3t^2 - 4}{t} = 6.$$

23

Por otro lado, bajo ciertas condiciones, las derivadas parciales en un punto del dominio pueden calcularse aplicando reglas de derivación, asumiendo que las variables no involucradas en la derivación son constantes. De esta manera, las derivadas parciales de la temperatura T en un punto cualquiera (x, y, z) son:

$$\frac{\partial T}{\partial x}(x, y, z) = z^2, \quad \frac{\partial T}{\partial y}(x, y, z) = -1, \quad \frac{\partial T}{\partial z}(x, y, z) = 2xz.$$

Evaluando las derivadas parciales en $(3, -1, 1)$ se recupera el valor anteriormente calculado.

La noción de derivabilidad de una función de una variable se generaliza a las funciones de varias variables mediante el concepto de diferenciabilidad. Para una mejor comprensión de esta propiedad tan importante, comenzaremos considerando campos escalares de dos variables $f : D \subseteq \mathbb{R}^2 \to \mathbb{R}$.

La existencia de derivadas direccionales de f en un punto $\vec{a} = (a_x, a_y)$ de su dominio implica la existencia de rectas tangentes a la superficie $z = f(x, y)$ en el punto $(a_x, a_y, f(a_x, a_y))$.

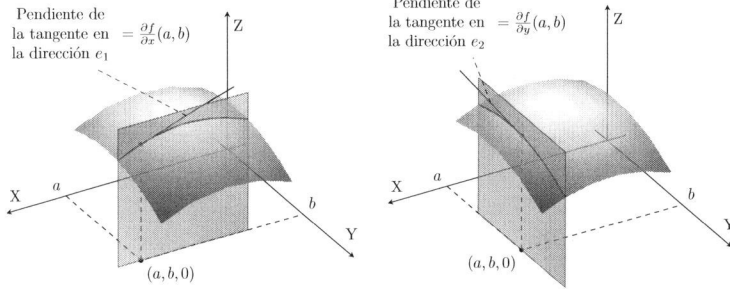

Sin embargo, las derivadas direccionales no garantizan el comportamiento suave de la superficie, ni siquiera que la función sea continua. Es fácil encontrar ejemplos de campos escalares con derivadas parciales en puntos del dominio donde el campo no es una función continua.

Recordemos que para las funciones de una variable, la existencia en $x = a$ de una recta tangente a la gráfica $y = f(x)$ garantiza su derivabilidad, así como el comportamiento suave y regular de la curva en $(a, f(a)) \in \mathbb{R}^2$. Esta situación se generaliza a los campos escalares de dos variables con la existencia de un plano tangente a la superficie $z = f(x, y)$ en el punto $(a_x, a_y, f(a_x, a_y)) \in \mathbb{R}^3$. Dicho plano tangente $z = \pi(x, y)$ tendrá una ecuación de la forma

$$z = \pi(x, y) = f(a_x, a_y) + A(x - a_x) + B(y - a_y).$$

Observemos que

$$\frac{\partial \pi}{\partial x}(x, y) = A, \quad \frac{\partial \pi}{\partial y}(x, y) = B.$$

El plano tangente $z = \pi(x, y)$ debe tener las mismas derivadas direccionales que f en (a_x, a_y) y, en particular, las mismas derivadas parciales en ese punto. Así pues, podemos escribir

$$\frac{\partial f}{\partial x}(a_x, a_y) = \frac{\partial \pi}{\partial x}(a_x, a_y) = A, \quad \frac{\partial f}{\partial y}(a_x, a_y) = \frac{\partial \pi}{\partial y}(a_x, a_y) = B,$$

por lo que el plano quedará representado por la siguiente ecuación:

$$\pi : z = f(a_x, a_y) + \frac{\partial f}{\partial x}(a_x, a_y)(x - a_x) + \frac{\partial f}{\partial y}(x_0, y_0)(y - a_y).$$

Generalizando la propiedad (3.10) de las rectas tangentes a las gráficas de funciones de una variable, la condición de tangencia del plano vendrá determinada al verificarse la siguiente condición:

$$f(x, y) - \pi(x, y) = o(\|(x, y) - (a_x, a_y)\|) \tag{3.15}$$

que garantiza que la función $\pi(x, y)$ es la mejor aproximación lineal a $f(x, y)$. La condición (3.15) es equivalente a la siguiente propiedad

$$\lim_{(x,y)\to(x_0,y_0)} \frac{|f(x, y) - f(x_0, y_0) - \frac{\partial f}{\partial x}(x_0, y_0)(x - x_0) - \frac{\partial f}{\partial y}(x_0, y_0)(y - y_0)|}{\sqrt{(x - x_0)^2 + (y - y_0)^2}} = 0.$$

Definiendo, $\nabla f(a_x, a_y) := \left(\frac{\partial f}{\partial x}(a_x, a_y), \frac{\partial f}{\partial y}(a_x, a_y) \right)$, podemos escribir

$$\frac{\partial f}{\partial x}(a_x, a_y)(x - a_x) + \frac{\partial f}{\partial y}(a_x, a_y)(y - a_y) = \nabla f(a_x, a_y) \cdot (x - a_x, y - a_y),$$

y obtenemos la siguiente condición:

$$\lim_{(x,y)\to(x_0,y_0)} \frac{|f(x, y) - f(x_0, y_0) - \nabla f(x_0, y_0) \cdot (x - x_0, y - y_0)|}{\sqrt{(x - x_0)^2 + (y - y_0)^2}} = 0.$$

Todo lo anterior, justifica la siguiente definición de campo escalar de dos variables diferenciable en un punto $\vec{a} \in \mathbb{R}^2$ de su dominio.

Definición 3.13. Sea $f : D \subseteq \mathbb{R}^2 \to \mathbb{R}$ un campo escalar y $\vec{a} = (a_x, a_y) \in D$. Decimos que f es diferenciable en $\vec{a}$ si existen $\frac{\partial f}{\partial x}(a_x, a_y)$, $\frac{\partial f}{\partial y}(a_x, a_y)$, y además se verifica:

$$\lim_{(x,y)\to(a_x,a_y)} \frac{|f(x, y) - f(a_x, a_y) - \nabla f(a_x, a_y) \cdot (x - a_x, y - a_y)|}{\sqrt{(x - a_x)^2 + (y - a_y)^2}} = 0. \tag{3.16}$$

Al vector $\nabla f(a_x, a_y)$ se le llama «diferencial de f en (a_x, a_y)» y también se representa por $Df_{\vec{a}}$. Al plano definido por la ecuación:

$$z = f(a_x, a_y) + \frac{\partial f}{\partial x}(a_x, a_y)(x - a_x) + \frac{\partial f}{\partial y}(a_x, a_y)(y - a_y)$$

se le llama «plano tangente» de f en $(\vec{a}, f(\vec{a}))$.

Ya estamos en condiciones de comprender cuándo un campo escalar de n variables es diferenciable. Sea $f : D \subseteq \mathbb{R}^n \to \mathbb{R}$ un campo escalar y un punto $\vec{a} = (a_1, \ldots, a_n) \in D$ para el que existen las derivadas parciales $\frac{\partial f}{\partial x_i}(a)$, $i = 1, \ldots, n$. Podemos definir un hiperplano $\Pi \subseteq \mathbb{R}^n$ mediante la siguiente ecuación:

$$\Pi = f(a_1, \ldots, a_n) + \frac{\partial f}{\partial x_1}(a_1, \ldots, a_n)(x_1 - a_1) + \cdots + \frac{\partial f}{\partial x_n}(a_1, \ldots, a_n)(x_n - a_n). \qquad (3.17)$$

El valor del campo en puntos $(x_1, \ldots, x_n)$ del dominio cercanos a $\vec{a}$ puede ser aproximado mediante el hiperplano Π, es decir,

$$f(x_1, \ldots, x_n) \simeq f(a_1, \ldots, a_n) + \frac{\partial f}{\partial x_1}(a_1, \ldots, a_n)(x_1 - a_1) + \cdots + \frac{\partial f}{\partial x_n}(a_1, \ldots, a_n)(x_n - a_n).$$
$$(3.18)$$

Si, además, se verifica la ecuación análoga a (3.16) para el caso de n variables,

$$\lim_{x \to a} \frac{\left| f(\vec{x}) - f(\vec{a}) - \frac{\partial f}{\partial x_1}(a)(x_1 - x_{10}) - \cdots - \frac{\partial f}{\partial x_m}(a)(x_m - x_{m0}) \right|}{\|x - a\|} = 0, \qquad (3.19)$$

diremos que f es diferenciable en el punto $\vec{a}$, como establecemos en la siguiente definición.

Definición 3.14. Sea $f : D \subseteq \mathbb{R}^n \to \mathbb{R}$ un campo escalar y $\vec{a} \in D$. Decimos que f es diferenciable en $\vec{a}$ si existen $\dfrac{\partial f}{\partial x_i}(\vec{a})$ para todo $i = 1, \ldots, n$, y además se verifica:

$$\lim_{\vec{x} \to \vec{a}} \frac{|f(\vec{x}) - f(\vec{a}) - \nabla f(\vec{a}) \cdot (\vec{x} - \vec{a})|}{\|\vec{x} - \vec{a}\|} = 0,$$

donde el vector $\nabla f(\vec{a}) = \left(\dfrac{\partial f}{\partial x_1}(\vec{a}), \ldots, \dfrac{\partial f}{\partial x_n}(\vec{a}) \right) \in \mathbb{R}^n$ se llama «diferencial de f en $\vec{a}$» y también se representa por $Df(\vec{a})$.

Finalmente, generalizaremos el concepto de aproximación lineal a un campo vectorial $f : D \subseteq \mathbb{R}^n \to \mathbb{R}^m$ aplicando los conceptos anteriores a cada una de las m componentes f_i del campo f. Si f_i es diferenciable en $\vec{a} = (a_1, \ldots, a_n) \in D$, podemos escribir:

$$f_i(x_1, \ldots, x_n) \simeq f_1(\vec{a}) + \frac{\partial f_i}{\partial x_1}(\vec{a})(x_1 - a_1) + \cdots + \frac{\partial f_i}{\partial x_n}(\vec{a})(x_n - a_n), \quad i = 1, \ldots, m,$$

y el siguiente sistema lineal de aproximaciones:

$$\begin{bmatrix} f_1(x_1, \ldots, x_n) \\ \cdot \\ \cdot \\ \cdot \\ f_m(x_1, \ldots, x_n) \end{bmatrix} \simeq \begin{bmatrix} f_1(\vec{a}) \\ \cdot \\ \cdot \\ \cdot \\ f_m(a) \end{bmatrix} + \begin{bmatrix} \frac{\partial f_1}{\partial x_1}(\vec{a}) & \cdots & \frac{\partial f_1}{\partial x_n}(\vec{a}) \\ \cdot & \cdot & \cdot \\ \cdot & \cdot & \cdot \\ \cdot & \cdot & \cdot \\ \frac{\partial f_m}{\partial x_1}(\vec{a}) & \cdots & \frac{\partial f_m}{\partial x_n}(\vec{a}) \end{bmatrix} \begin{bmatrix} (x_1 - a_1) \\ \cdot \\ \cdot \\ \cdot \\ (x_n - a_n) \end{bmatrix}.$$

La matriz anterior se llama «matriz jacobiana» de f en el punto $\vec{a}$ y se denota $Df_{\vec{a}}$,

$$Df_{\vec{a}} := \begin{bmatrix} \dfrac{\partial f_1}{\partial x_1}(\vec{a}) & \cdots & \dfrac{\partial f_1}{\partial x_n}(\vec{a}) \\ \vdots & \ddots & \vdots \\ \dfrac{\partial f_m}{\partial x_1}(\vec{a}) & \cdots & \dfrac{\partial f_m}{\partial x_n}(\vec{a}) \end{bmatrix}. \tag{3.20}$$

Podemos escribir:

$$f(x_1, \ldots, x_n) \simeq f(\vec{a}) + Df_{\vec{a}}(\vec{x} - \vec{a}),$$

donde $f(x) \in \mathbb{R}^m$, $\vec{x} - \vec{a} \in \mathbb{R}^n$ y $Df_{\vec{a}}$ es una matriz $m \times n$.

En este caso general, el vector $f(\vec{x})$ se aproxima por $f(\vec{a}) + Df_{\vec{a}}(\vec{x} - \vec{a})$. El campo vectorial f es diferenciable en el punto a si verifica la generalización de la ecuación (3.18). Teniendo en cuenta que la matrix $Df_{\vec{a}}$ puede considerarse como la matriz coordenada de una aplicación lineal, se establece la siguiente definición.

> **Definición 3.15.** Un campo $f : C \subseteq \mathbb{R}^n \to \mathbb{R}^m$ es **diferenciable** en un punto $\vec{a} \in C$ si existe una función lineal $df_{\vec{a}} : \mathbb{R}^n \to \mathbb{R}^m$, llamada «diferencial de f en $\vec{a}$», tal que el siguiente límite existe y toma valor 0:
> $$\lim_{\vec{x} \to \vec{a}} \frac{f(\vec{x}) - f(\vec{a}) - Df_{\vec{a}}(\vec{x} - \vec{a})}{\|\vec{x} - \vec{a}\|} = 0. \tag{3.21}$$

Los campos diferenciables poseen las propiedades de las funciones derivables. En particular podemos garantizar que son funciones continuas.

> **Proposición 3.16.** *Si un campo es diferenciable en un punto de su dominio, entonces también es continuo en dicho punto.*

El siguiente resultado es de gran interés, puesto que proporciona una condición suficiente para garantizar la diferenciabilidad de un campo.

> **Proposición 3.17.** *Si existen todas las derivadas parciales de un campo en un punto de su dominio y además son continuas, entonces el campo es diferenciable en dicho punto.*

En este libro trataremos principalmente con campos diferenciables. Por ello, si no se indica lo contrario, se asumirá en lo que sigue que los campos utilizados son siempre diferenciables y sus derivadas parciales son campos continuos en todo su dominio, atendiendo a la hipótesis del medio continuo detallada en la sección 3.1.

En esta sección hemos visto que el vector $\nabla f(\vec{a}) \in \mathbb{R}^n$ y la matriz Jacobiana $Df_{\vec{a}} \in \mathbb{R}^{m \times n}$ descrita en (3.20), se pueden considerar como las matrices coordenadas de ciertas aplicaciones que permiten aproximar linealmente las funciones de varias variables. En las próximas secciones se presentarán nuevas aplicaciones de ambas herramientas matemáticas.

3.2.3 Derivadas parciales de orden superior

Las derivadas parciales de un campo son a su vez campos, por lo que puede ser posible derivarlas. Se definen así las derivadas parciales de orden 2, 3, etc, según el número de veces que se haya derivado un campo:

$$\frac{\partial^n f}{\partial x_a \partial x_b \cdots \partial x_c} = \frac{\partial}{\partial x_a} \left(\frac{\partial}{\partial x_b} \left(\cdots \left(\frac{\partial f}{\partial x_c} \right) \cdots \right) \right). \tag{3.22}$$

Definición 3.18. Un campo se dice **de clase** $\mathcal{C}^n$ en un punto de su dominio si existen todas sus derivadas parciales hasta orden n en dicho punto y además son continuas.

Si una función es de clase $\mathcal{C}^n$, entonces sus derivadas cruzadas hasta orden n (aquellas que involucran derivadas respecto de 2 o más coordenadas) son iguales; es decir, el orden de derivación no influye en el resultado. Por ejemplo, si $f : C \subset \mathbb{R}^3 \to \mathbb{R}$ es un campo escalar de clase $\mathcal{C}^2$ en un punto $\vec{a} \in C$, se cumple

$$\frac{\partial^2 f}{\partial x \partial y}(\vec{a}) = \frac{\partial^2 f}{\partial y \partial x}(\vec{a}), \quad \frac{\partial^2 f}{\partial x \partial z}(\vec{a}) = \frac{\partial^2 f}{\partial z \partial x}(\vec{a}), \quad \frac{\partial^2 f}{\partial y \partial z}(\vec{a}) = \frac{\partial^2 f}{\partial z \partial y}(\vec{a}). \tag{3.23}$$

Ejemplo 3.19. Consideremos la presión determinada por $P(x, y, z) = xz^2 - y$. Su variación en el espacio, en términos de derivadas parciales, son

$$\frac{\partial P}{\partial x}(x, y, z) = z^2, \quad \frac{\partial P}{\partial y}(x, y, z) = -1, \quad \frac{\partial P}{\partial z}(x, y, z) = 2xz.$$

Cada una de estas derivadas parciales es, a su vez, un campo escalar sobre $\mathbb{R}^3$. Sus derivadas parciales serán las derivadas parciales de orden 2 de la presión P que, en consecuencia, dispondrá de 9 derivadas de orden 2:

$$\frac{\partial^2 P}{\partial x^2}(x, y, z) = 0, \quad \frac{\partial^2 P}{\partial y \partial x}(x, y, z) = 0, \quad \frac{\partial^2 P}{\partial z \partial x}(x, y, z) = 2z.$$
$$\frac{\partial^2 P}{\partial x \partial y}(x, y, z) = 0, \quad \frac{\partial^2 P}{\partial y^2}(x, y, z) = 0, \quad \frac{\partial^2 P}{\partial z \partial y}(x, y, z) = 0.$$
$$\frac{\partial^2 P}{\partial x \partial z}(x, y, z) = 2z, \quad \frac{\partial^2 P}{\partial y \partial z}(x, y, z) = 0, \quad \frac{\partial^2 P}{\partial z^2}(x, y, z) = 2x.$$

Todas las derivadas de orden 2 de P existen y son continuas, por lo que este campo es (al menos) de clase $\mathcal{C}^2$. Se satisface en consecuencia la igualdad de las derivadas cruzadas (3.23), como se observa.

3.3 Gradiente de un campo escalar

En esta sección introducimos el operador nabla, denotado por la letra griega ∇. Este es un operador diferencial cuya expresión formal en coordenadas cartesianas de $\mathbb{R}^3$ es

$$\nabla := \left(\frac{\partial}{\partial x}, \frac{\partial}{\partial y}, \frac{\partial}{\partial z} \right) = \frac{\partial}{\partial x}\, \vec{i} + \frac{\partial}{\partial y}\, \vec{j} + \frac{\partial}{\partial z}\, \vec{k}. \tag{3.24}$$

Cabe destacar que el operador ∇ actúa sobre campos escalares o vectoriales en $\mathbb{R}^3$ y no tiene un sentido intrínseco, sino que este y cualquier operación que lo involucre debe interpretarse en el sentido de su acción sobre campos escalares, vectoriales o tensoriales. Como veremos más adelante, este operador permite definir y establecer operaciones con diversos objetos diferenciales, tales como gradientes, divergencias y rotacionales.

El resultado del producto simple del operador nabla sobre un campo escalar f diferenciable se denota por ∇f y es un campo vectorial cuyas componentes son las derivadas parciales del campo escalar. A este campo vectorial se le llama «gradiente», como se establece en la siguiente definición.

> **Definición 3.20.** Sea $f : C \subset \mathbb{R}^3 \to \mathbb{R}$ un campo escalar diferenciable en $\vec{a} \in C$. Se llama «gradiente» de f en $\vec{a}$ al vector con las derivadas parciales de f en ese punto:
>
> $$\nabla f(\vec{a}) = \frac{\partial f}{\partial x}(\vec{a})\vec{i} + \frac{\partial f}{\partial y}(\vec{a})\vec{j} + \frac{\partial f}{\partial z}(\vec{a})\vec{k}. \tag{3.25}$$

En física podemos encontrar numerosos ejemplos de campos vectoriales definidos como el gradiente de un campo escalar. Así, el potencial gravitatorio U es un campo escalar cuyo gradiente

$$\vec{g} = \nabla U = \frac{\partial U}{\partial x}\, \vec{i} + \frac{\partial U}{\partial y}\, \vec{j} + \frac{\partial U}{\partial z}\, \vec{k},$$

define el llamado vector aceleración de la gravedad en el espacio.

Los campos vectoriales que pueden escribirse como el gradiente de un campo escalar se llaman «campos conservativos o irrotacionales». En ese caso, los campos escalares de los que provienen se llaman «campos potenciales». Veamos algunos ejemplos.

Ejemplo 3.21. Toda fuerza conservativa, puede escribirse como:

$$\vec{F} = -\nabla U,$$

donde U es el campo escalar que representa el potencial. Por otra parte, en los procesos de difusión, el flujo de calor en un flujo es directamente proporcional al gradiente de las temperaturas, es decir,

$$\vec{Q} = -k\nabla T,$$

donde k representa la conductividad térmica.

Ejemplo 3.22. Los gradientes de los campos escalares definidos anteriormente en (3.2) y (3.3) son los siguientes.

- El gradiente de la presión descrita en (3.2) mediante el campo escalar $P(x, y, z) = xz^2 - y$ es el campo vectorial

$$\nabla P(x, y, z) = z^2\,\vec{i} - \vec{j} + 2xz\,\vec{k}.$$

- El gradiente de la densidad ρ definida en (3.3) por $\rho(x, y, z) = ay^2 - bxz$ es el campo vectorial

$$\nabla \rho(x, y, z) = -bz\,\vec{i} + 2ay\vec{j} - bx\,\vec{k}.$$

Para poder entender la importancia del concepto de gradiente de un campo escalar, a continuación, recordamos una propiedad muy importante de las funciones diferenciables en un punto.

Proposición 3.23. *Sea $f : C \subset \mathbb{R}^3 \to \mathbb{R}$ un campo escalar diferenciable en $\vec{a} \in C$. Para cualquier dirección $\vec{u} \in \mathbb{R}^3$ ($\|\vec{u}\| = 1$),*

$$\frac{\partial f}{\partial \vec{u}}(\vec{a}) = \nabla f(\vec{a}) \cdot \vec{u} = \|\nabla f(\vec{a})\|\|\vec{u}\| \cos\alpha = \|\nabla f(\vec{a})\| \cos\alpha, \tag{3.26}$$

siendo α, el ángulo determinado por los vectores $\vec{u}$ y $\nabla f(\vec{a})$.

En la igualdad (3.26), el operador nabla ∇ actúa sobre el campo escalar calculando el campo vectorial gradiente. Observemos que la derivada direccional proyecta el gradiente sobre la dirección $\vec{u}$ a través del producto escalar de ambos vectores.

A partir de esta propiedad, y teniendo en cuenta que $-1 \leq \cos(\alpha) \leq 1$, podemos escribir

$$-\|\nabla f(\vec{a})\| \leq \frac{\partial f}{\partial \vec{u}}(\vec{a}) \leq \|\nabla f(\vec{a})\|,$$

y garantizar que el valor máximo de la derivada direccional es $\|\nabla f(\vec{a})\|$ y se alcanzará si $\cos\alpha = 1$ y, por tanto, cuando $\alpha = 0$, es decir, en la dirección $\vec{u}$ paralela y con el mismo sentido que el vector gradiente $\nabla f(\vec{a})$.

Igualmente, se deduce que el valor más pequeño de la derivada direccional es $-\|\nabla f(\vec{a})\|$ y se alcanza si $\cos(\alpha) = -1$ y, por tanto, cuando $\alpha = \pi$, es decir, en la dirección $\vec{u}$ paralela y con sentido contrario al vector gradiente $\nabla f(\vec{a})$.

Por otra parte, teniendo en cuenta que $\cos(\pi/2) = 0$, deducimos que la derivada direccional de un campo diferenciable se anula para toda dirección perpendicular al gradiente. De hecho, $\nabla f(\vec{a})$ es perpendicular a las superficies de nivel del campo en las que este toma un valor constante y no varía.

Ejemplo 3.24. Consideremos el campo escalar de dos variables $f(x, y) = y - x^2$, que está definido para todo punto $(x, y) \in \mathbb{R}^2$ y puede tomar cualquier valor real. Las curvas de nivel de f son parábolas que se describen mediante la ecuación

$$f(x, y) = y - x^2 = c \Rightarrow y = x^2 + c, \ c \in \mathbb{R}.$$

Observemos que el campo es diferenciable, ya que sus derivadas parciales

$$\frac{\partial f}{\partial x}(x, y) = -2x, \quad \frac{\partial f}{\partial y}(x, y) = 1$$

son funciones continuas en todo su dominio. El vector gradiente en (x, y) es

$$\nabla f(x, y) = (-2x, 1).$$

La representación de ∇f en distintos puntos muestra las direcciones de crecimiento de la función. Esto se observa claramente al representar en una misma figura las curvas de nivel y el gradiente. Al hacerlo, vemos que el gradiente en cualquier punto es perpendicular a la curva de nivel que pasa por ese punto, y apunta hacia la dirección en la que crece el valor de la función. Además, cuanto mayor es el valor del gradiente, mayor es el crecimiento de la función, lo que equivale a que las curvas de nivel estén más cerca unas de otras.

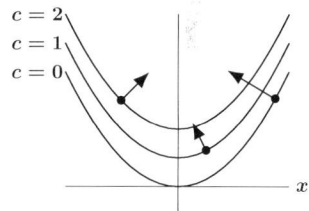

En definitiva, el vector gradiente es un vector cuya magnitud es la máxima razón de cambio del campo en el punto del dominio considerado, apunta a la dirección de ese máximo y es ortogonal a la superficie donde el campo toma un valor constante. Un gradiente con módulo grande indica que, al pasar de un punto del dominio a otro cercano, la magnitud representada por el campo escalar presenta una variación considerable. Un gradiente con magnitud pequeña o nula implica que dicha magnitud apenas cambia al pasar de un punto a otro.

Desde un punto de vista más geométrico, recordemos que los conjuntos de nivel de un campo escalar de tres variables $f : C \subset \mathbb{R}^3 \to \mathbb{R}$ son las superficies en $\mathbb{R}^3$ formadas por los puntos de su dominio en los que el campo toma un valor constante y, por lo tanto, quedan representadas matemáticamente por la ecuación implícita

$$f(x, y, z) = c,$$

donde $c \in \mathbb{R}$ es el valor del campo en la superficie.

Como se ha explicado anteriormente, si el campo f es diferenciable en (a, b, c), el vector gradiente $\nabla f(a, b, c)$ es perpendicular a la superficie $f(x, y, z) = c$, lo que nos permite escribir la ecuación del plano tangente en (a, b, c) teniendo en cuenta que sus puntos (x, y, z) verifican

$$\nabla f(a, b, c) \cdot (x - a, y - b, z - c) = 0. \tag{3.27}$$

31

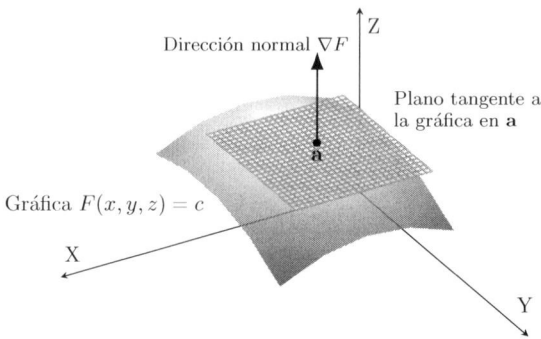

La recta normal a la superficie $f(x, y, z) = c$ en el punto (a, b, c), y por tanto normal al plano tangente (3.27), es la recta que pasa por (a, b, c) con dirección $\nabla f(a, b, c)$, por lo que su ecuación es

$$\frac{x - a}{\frac{\partial f}{\partial x}(a, b, c)} = \frac{y - b}{\frac{\partial f}{\partial y}(a, b, c)} = \frac{z - c}{\frac{\partial f}{\partial z}(a, b, c)}. \tag{3.28}$$

Ejemplo 3.25. *Calcular el gradiente del campo escalar $U = x^2 + 3xy - 5y^2$ en el punto $(1, 2, 3)$ y la derivada de este campo escalar en la dirección $\vec{r} = \frac{2}{3}\vec{i} - \frac{1}{3}\vec{j} + \frac{2}{3}\vec{k}$.*

Solución: En primer lugar, vamos a calcular el gradiente del escalar aplicando el operador gradiente. Se hace notar que un escalar no es constante, sino que puede variar en espacio y tiempo.

$$\nabla U = \left(\frac{\partial U}{\partial x}, \frac{\partial U}{\partial y}, \frac{\partial U}{\partial z} \right) = (2x + 3y, 3x - 10y, 0)$$

Este gradiente del escalar U calculado nos indica la dirección y sentido de máxima variación del escalar U en cualquier punto del espacio. En segundo lugar, nos piden que calculemos el gradiente de este escalar en un punto determinado del espacio. Para ello, no tenemos más que sustituir las coordenadas espaciales por el punto indicado. En este caso, $x = 1, y = 2, z = 3$, de forma que:

$$\nabla U_{(1,2,3)} = (8, -17, 0)$$

Este vector, que se encuentra en el plano xy, nos da la dirección y sentido de máxima variación del escalar U en un punto concreto del espacio, el $(1, 2, 3)$. Si queremos conocer la máxima variación del escalar por unidad de longitud en este punto concreto, no tenemos más que calcular el módulo del vector, de forma que:

$$\|\nabla U_{(1,2,3)}\| = 18, 8$$

Por último, para calcular la derivada del escalar en la dirección de otro vector $(\vec{r})$, debemos proyectar el gradiente del escalar en esa dirección; es decir, calcular el producto escalar de los vectores: gradiente de U y el vector unitario direccional del vector $\vec{r}$:

$$\nabla U_{(1,2,3)} \cdot \vec{r} = (8, -17, 0) \cdot \left(\frac{2}{3}, \frac{-1}{3}, \frac{2}{3}\right) = \frac{33}{3} = 11$$

Fácilmente podemos comprobar que la variación máxima del escalar en la dirección $\vec{r}$ es 11, y se encuentra por debajo de la máxima variación del escalar, que es 18, ya que es el gradiente el que nos da la dirección de máxima variación.

Ejemplo 3.26. *La temperatura en una habitación viene definida por* $T = 4\left(x^2 + y^2\right) - 2z$. *Un mosquito que se encuentra en* $(1, 1, 2)$ *en la habitación, quiere volar en la dirección que le permita calentarse lo más pronto posible. ¿En qué dirección debe volar?*

Solución: El vector que marca la dirección de máxima variación de una variable es el operador gradiente, de forma que la dirección de máxima variación de la temperatura, en este caso, vendrá dada por el vector que resulta de calcular el gradiente de la temperatura.

$$\nabla T = \left(\frac{\partial T}{\partial x}, \frac{\partial T}{\partial y}, \frac{\partial T}{\partial z}\right) = (8x, 8y, -2)$$

El gradiente de la temperatura nos da la dirección de máxima variación de la temperatura en toda la sala; pero como el mosquito está situado en el punto $(1, 1, 2)$ tenemos que sustituir $x = 1, y = 1, z = 2$ para saber la dirección en la que debe volar desde ese punto. Por tanto:

$$\nabla T_{(1,1,2)} = (8, 8, -2)$$

3.4 Gradiente, divergencia y rotacional de un campo vectorial

La noción de gradiente puede extenderse al considerar campos vectoriales.

Definición 3.27. Sea $\vec{f} = f_1\vec{i} + f_2\vec{j} + f_3\vec{k}$ un campo vectorial de tres variables, diferenciable en un punto $\vec{a} \in \mathbb{R}^3$ de su dominio. El gradiente de $\vec{f}$ es la matriz

$$\nabla \vec{f}(\vec{a}) := \begin{pmatrix} \dfrac{\partial f_1}{\partial x}(\vec{a}) & \dfrac{\partial f_1}{\partial y}(\vec{a}) & \dfrac{\partial f_1}{\partial z}(\vec{a}) \\[2mm] \dfrac{\partial f_2}{\partial x}(\vec{a}) & \dfrac{\partial f_2}{\partial y}(\vec{a}) & \dfrac{\partial f_2}{\partial z}(\vec{a}) \\[2mm] \dfrac{\partial f_3}{\partial x}(\vec{a}) & \dfrac{\partial f_3}{\partial y}(\vec{a}) & \dfrac{\partial f_3}{\partial z}(\vec{a}) \end{pmatrix}. \tag{3.29}$$

La matriz en (3.29) también se llama **matriz jacobiana** de $\vec{f}$ en $\vec{a}$ y su determinante se denomina «jacobiano» de $\vec{f}$ en $\vec{a}$.

Si $\vec{f}$ es diferenciable en todo su dominio, el gradiente de $\vec{f}$ es el tensor de orden 2 definido por

$$\nabla \vec{f} := \frac{\partial f_i}{\partial x_j}.$$

Claramente, se aprecia que la aplicación sobre un tensor del operador nabla por la izquierda, supone que el orden del tensor aumenta una unidad. Así, al aplicarlo a un campo escalar, se obtiene un campo vectorial y al aplicarlo sobre un campo vectorial se obtiene un tensor de segundo orden o matriz.

En Mecánica de Fluidos, toda la información sobre la cinemática de un fluido en movimiento puede describirse gracias al vector gradiente del vector velocidad $\vec{v}$. De hecho, $\nabla \vec{v}$ representa la superposición de la deformación, rotación y dilatación que puede experimentar una partícula fluida bajo el campo de velocidades. También podemos interpretar que el movimiento de un fluido en el entorno de un punto se puede considerar como la superposición de una rotación pura alrededor de un eje que pasa por este punto y una deformación, consistente en una expansión o compresión isótropa más una deformación pura (sin cambio de volumen). A este resultado se le conoce como «Teorema de Helmholtz».

Así pues, conocido el campo de velocidades $\vec{v}$ en un flujo, el cálculo de $\nabla \vec{v}$ determinará el movimiento de la partícula fluida.

El operador ∇ también se puede aplicar a un tensor a través del producto escalar, obteniendo el operador divergencia que definimos a continuación. En términos generales, la divergencia de la velocidad de un fluido medirá la tendencia de éste a acumularse o dispersarse en un punto.

Definición 3.28. Sea $\vec{f} = f_1 \vec{i} + f_2 \vec{j} + f_3 \vec{k}$ un campo vectorial de tres variables, diferenciable en un punto $\vec{a} \in \mathbb{R}^3$ de su dominio. La **divergencia** de $\vec{f}$ en $\vec{a}$ es el escalar definido mediante:

$$\nabla \cdot \vec{f}(\vec{a}) = \frac{\partial f_1}{\partial x}(\vec{a}) + \frac{\partial f_2}{\partial y}(\vec{a}) + \frac{\partial f_3}{\partial z}(\vec{a}). \tag{3.30}$$

Si $\vec{f}$ es diferenciable en todo su dominio $C \subseteq \mathbb{R}^3$, su divergencia es el campo escalar $\nabla \cdot \vec{f} : C \to \mathbb{R}$ definido mediante:

$$\nabla \cdot \vec{f} = \frac{\partial f_i}{\partial x_i}.$$

Obsérvese que la notación $\nabla \cdot f$ hace referencia a cómo la expresión formal (3.24) del operador nabla permite calcular la divergencia de un campo vectorial f como un producto escalar entre el operador y el campo.

La divergencia del campo de velocidad en un fluido representa la variación de volumen, por unidad de volumen y tiempo, que puede experimentar una partícula fluida sometida a ese campo o, lo que es lo mismo, la posible compresión o dilatación del volumen fluido, que a su vez podemos relacionar directamente con los cambios en la densidad del fluido. Diremos que un fluido es incompresible cuando su variación de densidad es nula. Como veremos más adelante, al definir la derivada sustancial, esto implica que la variable densidad en sí misma tiene que ser constante en tiempo y en espacio, pero también que la divergencia del campo velocidad debe ser nula.

Ejemplo 3.29. *El vector velocidad del flujo dentro de una tubería recta es* $\vec{v} = A(R^2 - r^2)\vec{k}$. *Determinar si el flujo es incompresible.*

Solución: Si la densidad es constante en espacio y tiempo, para comprobar si un flujo es incompresible basta con calcular la divergencia del vector velocidad y revisar si es cero. En este caso,

$$\nabla \cdot \vec{v} = \left(\frac{1}{r} \frac{\partial(r\vec{v})}{\partial r} + \frac{\partial \vec{v}}{\partial \theta} + \frac{\partial(r\vec{v})}{\partial z} \right) = A(R^2 - 3r^2)\vec{k} \neq 0,$$

por lo que el flujo no es incompresible.

Observemos que, a partir de un campo (escalar o vectorial, respectivamente) y aplicando dos veces el operador ∇, podemos calcular la divergencia de su gradiente, obteniendo un nuevo campo (escalar o vectorial, respectivamente).

Definición 3.30. Sea $f : C \subset \mathbb{R}^3 \to \mathbb{R}$ un campo escalar diferenciable en $\vec{a} \in \mathbb{R}^3$. Se llama «laplaciano» de f en $\vec{a}$ al escalar

$$\nabla^2 f(\vec{a}) := \nabla \cdot \nabla f(\vec{a}) = \frac{\partial^2 f}{\partial x^2}(\vec{a}) + \frac{\partial^2 f}{\partial y^2}(\vec{a}) + \frac{\partial^2 f}{\partial z^2}(\vec{a}).$$

Si f es diferenciable en todo su domimio $C \subseteq \mathbb{R}^3$, su laplaciano es el campo escalar $\nabla^2 f : C \to \mathbb{R}$ definido por

$$\nabla^2 f = \nabla \cdot \frac{\partial f}{\partial x_i} = \frac{\partial}{\partial x_i} \frac{\partial f}{\partial x_i}. \tag{3.31}$$

Definición 3.31. Sea $\vec{f} = f_1\vec{e_1} + f_2\vec{e_2} + f_3\vec{e_3}$ un campo vectorial de tres variables, diferenciable en $\vec{a} \in \mathbb{R}^3$. El «laplaciano» de $\vec{f}$ en $\vec{a}$ es el vector definido por:

$$\nabla^2 \cdot \vec{f}(\vec{a}) := \nabla \cdot \nabla \vec{f}(\vec{a}) = \left(\frac{\partial^2 f_1}{\partial x^2}(\vec{a}), \frac{\partial^2 f_2}{\partial y^2}(\vec{a}), \frac{\partial^2 f_3}{\partial z^2}(\vec{a}) \right). \tag{3.32}$$

Si $\vec{f}$ es diferenciable en todo su dominio $C \subseteq \mathbb{R}^3$, su laplaciano es el campo vectorial $\nabla^2 \vec{f} : C \to \mathbb{R}^3$ definido por

$$\nabla^2 \vec{f} = \nabla \cdot \frac{\partial \vec{f}}{\partial x_i} = \frac{\partial}{\partial x_i} \frac{\partial f_j}{\partial x_i}. \tag{3.33}$$

Finalmente, vamos a introducir el operador rotacional, obtenido mediante el producto vectorial de ∇ y un campo vectorial. El rotacional medirá la rotación en el movimiento de un fluido que viene descrito por un campo vectorial.

Definición 3.32. Sea $\vec{f} = f_1\vec{e_1} + f_2\vec{e_2} + f_3\vec{e_3}$ un campo vectorial de tres variables, diferenciable en su dominio. El «rotacional» de $\vec{f}$ es el campo vectorial $\nabla \times \vec{f} : C \rightarrow \mathbb{R}^3$ definido por:

$$\nabla \times \vec{f} = \begin{vmatrix} \vec{i} & \vec{j} & \vec{k} \\ \frac{\partial}{\partial x} & \frac{\partial}{\partial y} & \frac{\partial}{\partial z} \\ f_1 & f_2 & f_3 \end{vmatrix} = \left(\frac{\partial f_3}{\partial y} - \frac{\partial f_2}{\partial z} \right)\vec{i} - \left(\frac{\partial f_3}{\partial x} - \frac{\partial f_1}{\partial z} \right)\vec{j} - \left(\frac{\partial f_2}{\partial x} - \frac{\partial f_1}{\partial y} \right)\vec{k}.$$

Definición 3.33. Sea $f : C \subset \mathbb{R}^3 \rightarrow \mathbb{R}^3$ un campo vectorial diferenciable en un punto $\vec{a} \in C$, siendo sus componentes $f = (f_1, f_2, f_3)$. Se denomina «rotacional» de f al campo vectorial

$$\nabla \times f = \begin{vmatrix} \vec{i} & \vec{j} & \vec{k} \\ \frac{\partial}{\partial x} & \frac{\partial}{\partial y} & \frac{\partial}{\partial z} \\ f_1 & f_2 & f_3 \end{vmatrix} = \left(\frac{\partial f_3}{\partial y} - \frac{\partial f_2}{\partial z}, \frac{\partial f_1}{\partial z} - \frac{\partial f_3}{\partial x}, \frac{\partial f_2}{\partial x} - \frac{\partial f_1}{\partial y} \right). \tag{3.34}$$

En este caso, la notación $\nabla \times f$ indica cómo obtener el rotacional de un campo mediante la regla del producto vectorial en $\mathbb{R}^3$.

El rotacional del campo de velocidad en un fluido representa el doble del vector rotación de la partícula fluida; y también se denomina vector vorticidad porque es el vector que marca la dirección y sentido respecto al cual las partículas fluidas rotan. Si el rotacional de la velocidad es nulo, al flujo se le llama irrotacional y significa que las partículas fluidas no rotan sobre sí mismas; independientemente de que el flujo rote desde el punto de vista macroscópico, que vendrá determinado por la circulación del campo de velocidades.

Ejemplo 3.34. *El flujo que sale de una manguera viene determinado por la siguiente expresión para el campo de velocidades:* $\vec{v} = (0, \cos(xz), -\operatorname{sen}(xy))$. *Determine si el flujo es irrotacional.*

Solución: Para resolver este problema calculamos el rotacional del vector velocidad, que no es más que calcular el producto vectorial del operador nabla con el vector velocidad del flujo.

$$\nabla \times \vec{v} = \begin{vmatrix} \vec{i} & \vec{j} & \vec{k} \\ \frac{\partial}{\partial x} & \frac{\partial}{\partial y} & \frac{\partial}{\partial z} \\ u & v & w \end{vmatrix} = \vec{i}\left(\frac{\partial w}{\partial y} - \frac{\partial v}{\partial z} \right) - \vec{j}\left(\frac{\partial w}{\partial x} - \frac{\partial u}{\partial z} \right) + \vec{k}\left(\frac{\partial v}{\partial x} - \frac{\partial u}{\partial y} \right)$$

En este caso, $u = 0$, $v = \cos(xz)$, $w = -\operatorname{sen}(xy)$ y, por tanto, $\nabla \times \vec{v} = x(\operatorname{sen}(xz) - \cos(xy))\vec{i} + y\cos(xy)\vec{j} - z\operatorname{sen}(xz)\vec{k} \neq 0$, por lo que el flujo no es irrotacional. Además, el vector resultado nos da la dirección y sentido en el que el flujo rota más rápidamente; al igual que el gradiente nos da la dirección y sentido en el que la función varía más rápidamente. A este vector se le llamará **vector vorticidad**; y marca la dirección y sentido respecto a la cual las partículas fluidas rotan.

La acción de los operadores diferenciables sobre los campos cumple diversas relaciones. Dado un campo vectorial $f : C \subset \mathbb{R}^3 \to \mathbb{R}^3$ de clase $\mathcal{C}^2$, se cumple que

$$\nabla \cdot (\nabla \times f) = 0, \tag{3.35}$$

mientras que si $f : C \subset \mathbb{R}^3 \to \mathbb{R}$ es un campo escalar de clase $\mathcal{C}^2$, se cumple que

$$\nabla \times (\nabla f) = 0. \tag{3.36}$$

Ambas relaciones son consecuencia de la igualdad de las derivadas cruzadas en campos de clase $\mathcal{C}^2$.

Otro tema importante a destacar en esta sección es el orden de operadores y paréntesis en el cálculo con estos operadores y, a continuación, mostramos algunos ejemplos ilustrativos que más adelante irán apareciendo en otros capítulos.

Ejemplo 3.35. El producto de vectores y operadores diferenciales no es conmutativo: $\vec{v} \cdot \nabla \neq \nabla \cdot \vec{v}$. Vamos a comprobar cómo se multiplican por la derecha por el vector $\vec{v}$ para observar que el resultado es completamente diferente.

$$\vec{v} \cdot \nabla = u \frac{\partial}{\partial x} + v \frac{\partial}{\partial y} + w \frac{\partial}{\partial z}$$

En este caso, se trata del producto escalar de un vector por el operador nabla que también es un vector, y cuyo resultado es otro operador que solo tendrá sentido cuando se aplique sobre un campo escalar, vectorial o tensorial. En particular, actuando sobre el vector velocidad quedaría:

$$(\vec{v} \cdot \nabla)\vec{v} = \left(u \frac{\partial}{\partial x} + v \frac{\partial}{\partial y} + w \frac{\partial}{\partial z} \right) \vec{v} = u \frac{\partial \vec{v}}{\partial x} + v \frac{\partial \vec{v}}{\partial y} + w \frac{\partial \vec{v}}{\partial z}$$

mientras que

$$\nabla \cdot \vec{v} = \frac{\partial u}{\partial x} + \frac{\partial v}{\partial y} + \frac{\partial w}{\partial z}$$

representa la divergencia del campo vectorial $\vec{v}$, que multiplicado por la derecha por el vector velocidad $\vec{v}$, queda:

$$(\nabla \cdot \vec{v}) \, \vec{v} = \left(\frac{\partial u}{\partial x} + \frac{\partial v}{\partial y} + \frac{\partial w}{\partial z} \right) \vec{v}$$

que no es más que el producto de un escalar por un vector. En el primer caso se deriva el vector velocidad, en el segundo, solo sus componentes.

37

Ejemplo 3.36. Lo mismo ocurre con el producto vectorial: $\vec{v} \times \nabla \neq \nabla \times \vec{v}$. Vamos a multiplicar por la derecha por el vector velocidad a ver qué resultado obtenemos.

$$\vec{v} \times \nabla = \begin{vmatrix} \vec{i} & \vec{j} & \vec{k} \\ u & v & w \\ \dfrac{\partial}{\partial x} & \dfrac{\partial}{\partial y} & \dfrac{\partial}{\partial z} \end{vmatrix} = \vec{i}\left(w\dfrac{\partial}{\partial y} - v\dfrac{\partial}{\partial z}\right) - \vec{j}\left(w\dfrac{\partial}{\partial x} - u\dfrac{\partial}{\partial z}\right) + \vec{k}\left(v\dfrac{\partial}{\partial x} - u\dfrac{\partial}{\partial y}\right).$$

En este caso, al multiplicar vectorialmente el vector velocidad por el operador nabla, se obtiene un nuevo operador, que aplicándolo sobre el vector velocidad queda:

$$(\vec{v} \times \nabla)\,\vec{v} = \begin{vmatrix} \vec{i} & \vec{j} & \vec{k} \\ u & v & w \\ \dfrac{\partial}{\partial x} & \dfrac{\partial}{\partial y} & \dfrac{\partial}{\partial z} \end{vmatrix}\vec{v} = \vec{i}\left(w\dfrac{\partial \vec{v}}{\partial y} - v\dfrac{\partial \vec{v}}{\partial z}\right) - \vec{j}\left(w\dfrac{\partial \vec{v}}{\partial x} - u\dfrac{\partial \vec{v}}{\partial z}\right) + \vec{k}\left(v\dfrac{\partial \vec{v}}{\partial x} - u\dfrac{\partial \vec{v}}{\partial y}\right),$$

teniendo que hacer las derivadas del vector velocidad en cada uno de los sumandos. Por otro lado, el producto vectorial del vector nabla por el vector velocidad nos da un nuevo vector,

$$\nabla \times \vec{v} = \begin{vmatrix} \vec{i} & \vec{j} & \vec{k} \\ \dfrac{\partial}{\partial x} & \dfrac{\partial}{\partial y} & \dfrac{\partial}{\partial z} \\ u & v & w \end{vmatrix} = \vec{i}\left(\dfrac{\partial w}{\partial y} - \dfrac{\partial v}{\partial z}\right) - \vec{j}\left(\dfrac{\partial w}{\partial x} - \dfrac{\partial u}{\partial z}\right) + \vec{k}\left(\dfrac{\partial v}{\partial x} - \dfrac{\partial u}{\partial y}\right)$$

que al multiplicarlo por el vector velocidad nos da el producto de 2 vectores, sin punto; es decir, un tensor como el que se indica más abajo.

$$(\nabla \times \vec{v})\,\vec{v} = \left(\begin{vmatrix} \vec{i} & \vec{j} & \vec{k} \\ \dfrac{\partial}{\partial x} & \dfrac{\partial}{\partial y} & \dfrac{\partial}{\partial z} \\ u & v & w \end{vmatrix}\right)\vec{v}$$

$$= \begin{pmatrix} \left(\dfrac{\partial w}{\partial y} - \dfrac{\partial v}{\partial z}\right)u & \left(\dfrac{\partial w}{\partial y} - \dfrac{\partial v}{\partial z}\right)v & \left(\dfrac{\partial w}{\partial y} - \dfrac{\partial v}{\partial z}\right)w \\[2mm] -\left(\dfrac{\partial w}{\partial x} - \dfrac{\partial u}{\partial z}\right)u & -\left(\dfrac{\partial w}{\partial x} - \dfrac{\partial u}{\partial z}\right)v & -\left(\dfrac{\partial w}{\partial x} - \dfrac{\partial u}{\partial z}\right)w \\[2mm] \left(\dfrac{\partial v}{\partial x} - \dfrac{\partial u}{\partial y}\right)u & \left(\dfrac{\partial v}{\partial x} - \dfrac{\partial u}{\partial y}\right)v & \left(\dfrac{\partial v}{\partial x} - \dfrac{\partial u}{\partial y}\right)w \end{pmatrix}$$

Capítulo 4

Descripción matemática de la cinemática de los fluidos

Este capítulo se centra en el concepto de fluido como medio continuo, la definición del campo de velocidades como variable fundamental en el contexto del punto de vista euleriano y el cálculo del vector aceleración del flujo fluido a partir del campo de velocidades en diferentes sistemas de coordenadas. La velocidad de un fluido es más que un simple número, es una medida de la rapidez y dirección en la que las partículas fluidas se desplazan. Al analizar el campo de velocidades, conocemos cómo el fluido responde a fuerzas y condiciones ambientales, permitiéndonos prever su comportamiento y su interacción con su entorno. A su vez, la aceleración añade una dimensión adicional a este análisis, revelando cómo la velocidad misma puede cambiar en magnitud y dirección, lo que es esencial para entender los cambios dinámicos en el fluido.

Además, aparecerán los conceptos de deformación, dilatación o rotación que pueden experimentar las partículas fluidas y se vuelve a incidir en conceptos analizados en el capítulo anterior en el uso de operadores para clasificar el flujo. Por último, se resuelven problemas relacionados con la descripción del movimiento de un fluido sin tener en cuenta la causa que produce dicho movimiento. En particular, se usarán los puntos de vista lagrangiano y euleriano en la descripción gráfica del movimiento del fluido a través de la definición de línea de corriente, trayectoria y traza, curvas que describen cualitativamente el movimiento de un fluido.

Las líneas de corriente nos proporcionan una representación visual del movimiento del flujo, ya que son paralelas en todo momento al campo de velocidades. Estas líneas nos ayudan a entender cómo fluyen los fluidos, revelando patrones de movimiento y áreas de mayor velocidad o concentración. Las trayectorias, por otro lado, nos marcan el camino seguido por partículas fluidas individuales en el fluido a lo largo del tiempo. Finalmente, la traza nos ofrece una perspectiva espacial instantánea en un momento del tiempo, al rastrear las trayectorias que siguen las partículas fluidas que en tiempos anteriores fueron emitidas desde el mismo punto. Esto nos permite comprender cómo las condiciones iniciales y las fuerzas afectan la trayectoria de una partícula a lo largo de su movimiento.

4.1 Descripción matemática del movimiento del medio continuo

Recordemos que un fluido está formado por infinitas partículas que ocupan diferentes posiciones del espacio a lo largo del tiempo. La configuración del fluido en un cierto instante de tiempo t es el lugar geométrico de las posiciones en el espacio que las partículas ocupan en dicho instante. La descripción del movimiento de las partículas se realiza mediante funciones matemáticas que permiten determinar la posición, en cada instante de tiempo, de cada una de las partículas que lo forman. En general, estas funciones serán continuas y diferenciables.

En un sistema de coordenadas cartesiano, respecto de una base ortonormal de vectores $(\vec{e_1}, \vec{e_2}, \vec{e_3})$, la posición de una partícula queda determinada por un vector posición $\vec{r} = (x_1, x_2, x_3)$ tal que $\vec{r} = x_i \vec{e_i}$.

> **Definición 4.1.** Las componentes (X_1, X_2, X_3) del vector posición de una partícula en el instante t_0 de referencia se llaman «coordenadas materiales». Para simplificar la notación, podremos denotarlas por
>
> $$X := (X_1, X_2, X_3).$$
>
> Las componentes (x_1, x_2, x_3) en un instante t del intervalo de tiempo analizado se denominan «coordenadas espaciales» y podremos denotarlas mediante
>
> $$x := (x_1, x_2, x_3).$$

La evolución en el tiempo de las coordenadas espaciales permitirá describir el movimiento del fluido. Para ello, es necesario conocer una función matemática que, para cada partícula, determine sus coordenadas espaciales a lo largo del tiempo.

> **Definición 4.2.** Las **ecuaciones del movimiento de un fluido** vienen dadas por un campo vectorial $\varphi : \mathbb{R}^3 \times \mathbb{R}^+ \to \mathbb{R}^3$ que determina las coordenadas espaciales en función de las materiales,
>
> $$x = (x_1, x_2, x_3) = \varphi(X_1, X_2, X_3, t) = \varphi(X, t).$$
>
> Así, cada una de las componentes φ_i del campo determina el valor de la coordenada x_i, es decir,
>
> $$x_i = \varphi_i(X_1, X_2, X_3, t) = \varphi_i(X, t), \quad i = 1, 2, 3.$$

En ocasiones se permite un abuso de la notación y al campo que determina las componentes espaciales $x = (x_1, x_2, x_3)$, en función de las materiales $X = (X_1, X_2, X_3)$, también se le denota mediante x, escribiendo entonces

$$x = x(X, t)$$

para denotar que $x = (x_1, x_2, x_3)$ viene dado en función de las coordenadas materiales $X = (X_1, X_2, X_3)$ y el tiempo t. De igual forma,

$$x_i = x_i(X, t)$$

representa que la i-ésima coordenada espacial x_i viene dado en función de $X = (X_1, X_2, X_3)$ y t.

Observemos que, fijando un valor de las coordenadas materiales $\bar{X} := (\bar{X}_1, \bar{X}_2, \bar{X}_3)$, $x(\bar{X}, t)$ es una función que solo depende del tiempo t y permite describir el movimiento o trayectoria de la partícula con coordenadas materiales $\bar{X}$.

El campo inverso $\varphi^{-1} : \mathbb{R}^3 \times \mathbb{R}^+ \to \mathbb{R}^3$ proporciona las coordenadas materiales en función de las espaciales, es decir, las ecuaciones inversas de su movimiento:

$$X_i = \varphi_i^{-1}(x_1, x_2, x_3, t), \quad i = 1, 2, 3.$$

Siguiendo la notación anterior, también podremos escribir

$$X = X(x, t), \quad y \quad X_i = X_i(x, t), \quad i = 1, 2, 3.$$

Para que un campo φ pueda expresar las coordenadas espaciales en términos de las materiales y, recíprocamente, las coordenadas materiales en término de las coordenadas espaciales, debe cumplir las siguientes condiciones:

a) $\varphi(X_1, X_2, X_3, 0) = (X_1, X_2, X_3)$, ya que en el instante inicial las coordenadas de las partículas son las coordenadas materiales.

b) El campo φ debe ser continuo y de clase $\mathcal{C}^1$ y, por lo tanto, todas sus derivadas parciales son continuas.

c) Para garantizar que el campo no asigna a dos partículas distintas (X_1, X_2, X_3) y $(\tilde{X}_1, \tilde{X}_2, \tilde{X}_3)$ la misma posición en un instante t, el jacobiano $J(t)$ de φ debe cumplir

$$J(t) = \det\left(\frac{\partial \varphi_i}{\partial X_j}(X_1, X_2, X_3, t)\right)_{1 \leq i,j \leq 3} > 0.$$

En particular, el valor del jacobiano en el instante inicial es $J(0) = 1$, ya que $\varphi(X_1, X_2, X_3, 0) = (X_1, X_2, X_3)$.

Ejemplo 4.3. El campo

$$\varphi(X_1, X_2, X_3, t) = ((X_1 + 2X_2)e^{-t}, 2X_2e^{-3t}, (X_1 + X_3)e^{2t})$$

es de clase $\mathcal{C}^1$, sin embargo, no permite describir el movimiento de un medio continuo, ya que

$$\varphi(X_1, X_2, X_3, 0) = (X_1 + 2X_2, 2X_2, X_1 + X_3) \neq (X_1, X_2, X_3).$$

Sin embargo, el campo

$$\varphi(X_1, X_2, X_3, t) = (X_1 e^{-t}, (tX_1 + X_2)e^{-3t}, X_3 e^{2t})$$

41

es de clase $\mathcal{C}^1$ y verifica

$$\varphi(X_1, X_2, X_3, 0) = (X_1, X_2, X_3).$$

Por otra parte,

$$J(t) := \det \begin{pmatrix} e^{-t} & 0 & 0 \\ te^{-3t} & e^{-3t} & 0 \\ 0 & 0 & e^{2t} \end{pmatrix} = e^{-t}e^{-3t}e^{2t} = e^{-2t} > 0.$$

Teniendo en cuenta las propiedades anteriores, el campo permite describir el movimiento de un medio continuo mediante las siguientes ecuaciones:

$$x_1 = X_1 e^{-t}, \quad x_2 = (tX_1 + X_2)e^{-3t}, \quad x_3 = X_3 e^{2t}.$$

Observemos que $X_1 = x_1 e^t$, $X_3 = x_3 e^{-2t}$ y $X_2 = x_2 e^{3t} - tX_1 = x_2 e^{3t} - tx_1 e^t$ y, por lo tanto, las ecuaciones inversas del movimiento son las siguientes

$$X_1 = x_1 e^t, \quad X_2 = x_2 e^{3t} - tx_1 e^t, \quad X_3 = x_3 e^{-2t}.$$

En particular, si nos centramos en la partícula cuyas coordenadas materiales son $(X_1, X_2, X_3) = (1, 2, -1)$, su trayectoria viene descrita por

$$(x_1(t), x_2(t), x_3(t)) = (e^{-t}, (t+2)e^{-3t}, -e^{2t}).$$

4.2 Descripción matemática de las propiedades del medio continuo

Las propiedades de un medio continuo pueden describirse de dos formas alternativas: mediante una descripción material (o descripción lagrangiana) o una descripción espacial (o descripción Euleriana).

La **descripción material o lagrangiana** es más adecuada para la descripción de sólidos y depende de las coordenadas materiales $\vec{X} = (X_1, X_2, X_3)$ de sus puntos. Así, por ejemplo, la temperatura T de un sólido puede representarse en términos de las coordenadas materiales de sus partículas mediante una función $T = T(X_1, X_2, X_3, t)$, también denotaremos

$$T = T(\mathrm{X}, t).$$

Al fijar las coordenadas materiales $\bar{X} = (\bar{X}_1, \bar{X}_2, \bar{X}_3)$, la función $T(t) = T(\bar{X}, t)$ depende exclusivamente del tiempo t, y por tanto describe la evolución de la temperatura de la partícula con coordenadas $\bar{X}$.

La **descripción espacial o euleriana** viene dada en función de las coordenadas espaciales de las partículas, $\mathrm{x} = (x_1, x_2, x_3)$. En el ejemplo anterior, la temperatura quedará descrita espacialmente mediante $T = T(x_1, x_2, x_3, t)$, lo que podremos denotar mediante

$$T = T(\mathrm{x}, t),$$

de modo que, fijando unas coordenadas espaciales $\bar{x} = (\bar{x}_1, \bar{x}_2, \bar{x}_3)$, la función $T(t) = T(\bar{x}, t)$ describe la temperatura de las partículas que, a lo largo del tiempo, ocupan la posición $\bar{x} = (\bar{x}_1, \bar{x}_2, \bar{x}_3)$. Por otra parte, fijando un valor $\bar{t}$ del tiempo, la función $T(x_1, x_2, x_3, \bar{t})$ depende de las tres coordenadas espaciales y describe la propiedad en los diferentes puntos del espacio.

Como vamos a ilustrar en el siguiente ejemplo, las ecuaciones del movimiento permiten realizar el cambio entre las descripciones lagrangianas y eulerianas de las propiedades de los fluidos.

Ejemplo 4.4. Consideremos las siguientes ecuaciones de la posición de una partícula fluida en un fluido:

$$x(X, t) = \varphi(X_1, X_2, X_3, t) = (X_1 - tX_2, t(X_1 + X_3) + X_2, X_3 - tX_2).$$

Calculemos la descripción euleriana de la densidad ρ cuya descripción lagrangiana es

$$\bar{\rho}(X, t) = \bar{\rho}(X_1, X_2, X_3, t) = \frac{X_1 + X_2 + X_3}{1 + t^2}. \tag{4.1}$$

En primer lugar, observemos que efectivamente el campo φ permite describir el movimiento del fluido, ya que:

$$\varphi(X_1, X_2, X_3, 0) = (X_1, X_2, X_3),$$

y, por otra parte,

$$J(t) := \det \begin{pmatrix} 1 & -t & 0 \\ t & 1 & t \\ 0 & -t & 1 \end{pmatrix} = 1 + 2t^2 > 0, \quad J(0) = 1.$$

Teniendo en cuenta que $x_1 = X_1 - tX_2$, podemos escribir

$$X_1 = x_1 + tX_2.$$

Por otra parte, $x_3 = X_3 - tX_2$ y entonces

$$X_3 = x_3 + tX_2.$$

Así pues, substituyendo en $x_2 = t(X_1 + X_3) + X_2$, obtenemos $(1 + 2t^2)X_2 = x_2 - t(x_1 + x_3)$ y entonces

$$X_2 = \frac{-tx_1 + x_2 - tx_3}{1 + 2t^2}, \quad X_1 = \frac{(1 + t^2)x_1 + tx_2 - t^2x_3}{1 + 2t^2}, \quad X_3 = \frac{-t^2x_1 + tx_2 + (1 + t^2)x_3}{1 + 2t^2}.$$

Las igualdades anteriores corresponden a las ecuaciones inversas del movimiento $X = X(x, t)$, gracias a las cuales, la densidad en (4.1) puede expresarse en función de las coordenadas espaciales de los puntos (representación euleriana):

$$\rho = \tilde{\rho}(\mathrm{x}, t) = \frac{1}{1+t^2} \left(\frac{(1+t^2)x_1 + tx_2 - t^2x_3}{1+2t^2} + \frac{-tx_1 + x_2 - tx_3}{1+2t^2} \right.$$
$$\left. + \frac{-t^2x_1 + tx_2 + (1+t^2)x_3}{1+2t^2} \right) = \frac{(1-t)x_1 + (2t+1)x_2 + (1-t)x_3}{(1+t^2)(1+2t^2)}.$$

Observemos que en el ejemplo anterior la descripción euleriana de la propiedad se ha obtenido mediante una composición de funciones, es decir,

$$\tilde{\rho}(\mathrm{x}, t) = \bar{\rho}(\mathrm{X}(\mathrm{x}, t), t).$$

La aplicación de la regla de la cadena, o derivada de la composición, nos permitirá describir matemáticamente la velocidad y la aceleración en el siguiente apartado.

A continuación, recordamos el resultado matemático que establece la regla de la cadena.

Teorema 4.5. (Regla de la cadena.) *Sean $D_f \subseteq \mathbb{R}^n$, $D_g \subseteq \mathbb{R}^m$ conjuntos abiertos y sean $g : D_g \subseteq \mathbb{R}^m \to \mathbb{R}^n$ y $f : D_f \subseteq \mathbb{R}^n \to \mathbb{R}^p$, tales que $g(D_g) \subseteq D_f$ (para que esté definida la función compuesta $f \circ g$). Supongamos que g es diferenciable en a y que f es diferenciable en $g(a)$. Entonces, $f \circ g$ es diferenciable en a y su diferencial es*

$$D(f \circ g)(a) = Df(g(a))Dg(a).$$

Observemos que, en el resultado anterior, $f \circ g : D_g \subseteq \mathbb{R}^m \to \mathbb{R}^p$, de modo que $D(f \circ g)(a)$ es una matriz $p \times m$. Por otro lado, $Df(g(a))$ es una matriz $p \times n$ y $Dg(a)$ es una matriz $n \times m$. La matriz Dg se evalúa en el punto a, la matriz Df se evalua en el punto $g(a)$. La matriz $D(f \circ g)$ en el punto a no es más que el producto de las anteriores.

Ejemplo 4.6. Sean $f(x, y) = (y^2, xy)$ y $g(x, y, z) = (z + y, zx)$. Observemos que $g : \mathbb{R}^3 \to \mathbb{R}^2$, $f : \mathbb{R}^2 \to \mathbb{R}^2$ y $f \circ g : \mathbb{R}^3 \to \mathbb{R}^2$. La función compuesta es

$$(f \circ g)(x, y, z) = (z^2 x^2, zx(z + y)).$$

Por una parte, tenemos que

$$Df(x, y) = \begin{bmatrix} 0 & 2y \\ y & x \end{bmatrix}$$

y, al evaluar la diferencial en $g(x, y, z)$, obtenemos

$$Df(g(x, y, z)) = \begin{bmatrix} 0 & 2zx \\ zx & z + y \end{bmatrix}.$$

Por otra parte,

$$Dg(x, y, z) = \begin{bmatrix} 0 & 1 & 1 \\ z & 0 & x \end{bmatrix}$$

(es una matriz 2×3). Usando la regla de la cadena, podemos escribir la siguiente igualdad:

$$D(f \circ g)(x, y, z) = \begin{bmatrix} 0 & 2zx \\ zx & z+y \end{bmatrix} \begin{bmatrix} 0 & 1 & 1 \\ z & 0 & x \end{bmatrix} = \begin{bmatrix} 2xz^2 & 0 & 2zx^2 \\ z(z+y) & zx & x(2z+y) \end{bmatrix}.$$

En particular, en el punto $(1, 1, 1)$ $(g(1, 1, 1) = (2, 1))$, tenemos

$$D(f \circ g)(1, 1, 1) = Df(2, 1)Dg(1, 1, 1) = \begin{bmatrix} 0 & 2 \\ 1 & 2 \end{bmatrix} \begin{bmatrix} 0 & 1 & 1 \\ 1 & 0 & 1 \end{bmatrix} = \begin{bmatrix} 2 & 0 & 2 \\ 1 & 1 & 3 \end{bmatrix}.$$

Existen algunos casos especiales, correspondientes a ciertas dimensiones m, n y p, para los cuales la regla de la cadena toma una forma particularmente interesante. Estos casos son los siguientes:

Caso 1. Sean $g : D_g \subseteq \mathbb{R} \to \mathbb{R}^3$ y $f : D_f \subseteq \mathbb{R}^3 \to \mathbb{R}$. Tenemos entonces $g(t) = (x(t), y(t), z(t))$ y $f(x, y, z)$. Por tanto,

$$(f \circ g)(t) = f(x(t), y(t), z(t))$$

es una función real de variable real, es decir, $f \circ g : D_g \subseteq \mathbb{R} \to \mathbb{R}$. Aplicando el Teorema 4.5,

$$
\begin{aligned}
D(f \circ g)(t) &= \frac{d}{dt} f(g(t)) = Df(g(t))Dg(t) \\
&= \left[\frac{\partial f}{\partial x}(x(t), y(t), z(t)), \frac{\partial f}{\partial y}(x(t), y(t), z(t)), \frac{\partial f}{\partial z}(x(t), y(t), z(t)) \right] \begin{bmatrix} x'(t) \\ y'(t) \\ z'(t) \end{bmatrix} \\
&= x'(t)\frac{\partial f}{\partial x}(x(t), y(t), z(t)) + y'(t)\frac{\partial f}{\partial y}(x(t), y(t), z(t)) + z'(t)\frac{\partial f}{\partial z}(x(t), y(t), z(t)).
\end{aligned}
$$

Ejemplo 4.7. Sean $f(x, y, z) = xy + xz + yz$ y $g(t) = (x(t), y(t), z(t)) = (t, \sin t, \cos t)$. Aplicando la regla de la cadena, la derivada de $f \circ g$ es

$$
\begin{aligned}
\frac{d}{dt} f(x(t), y(t), z(t)) &= (y(t) + z(t)) \cdot 1 + (x(t) + z(t))\cos t - (x(t) + y(t)) \sin t \\
&= (\sin t + \cos t) + (t + \cos t) \cos t - (t + \sin t) \sin t.
\end{aligned}
$$

Caso 2. Sean dos funciones $g : D_g \subseteq \mathbb{R}^3 \to \mathbb{R}^3$ y $f : D_f \subseteq \mathbb{R}^3 \to \mathbb{R}$. Si escribimos la función g como $g(x, y, z) = (u(x, y, z), v(x, y, z), w(x, y, z))$, entonces,

$$(f \circ g)(x, y, z) = f(u(x, y, z), v(x, y, z), w(x, y, z)).$$

Aplicando el Teorema 4.5. (con $n = m = 3$ y $p = 1$),

$$D(f \circ g)(x, y, z) = \left[\frac{\partial}{\partial x}(f \circ g), \frac{\partial}{\partial y}(f \circ g), \frac{\partial}{\partial z}(f \circ g) \right] = \left[\frac{\partial f}{\partial u}, \frac{\partial f}{\partial v}, \frac{\partial f}{\partial w} \right] \cdot \begin{bmatrix} \frac{\partial u}{\partial x} & \frac{\partial u}{\partial y} & \frac{\partial u}{\partial z} \\ \frac{\partial v}{\partial x} & \frac{\partial v}{\partial y} & \frac{\partial v}{\partial z} \\ \frac{\partial w}{\partial x} & \frac{\partial w}{\partial y} & \frac{\partial w}{\partial z} \end{bmatrix}.$$

Así, se obtiene, para cada componente, una regla similar a la del caso 1,

$$\frac{\partial}{\partial x}(f \circ g) = \frac{\partial f}{\partial u}\frac{\partial u}{\partial x} + \frac{\partial f}{\partial v}\frac{\partial v}{\partial x} + \frac{\partial f}{\partial w}\frac{\partial w}{\partial x}.$$
$$\frac{\partial}{\partial y}(f \circ g) = \frac{\partial f}{\partial u}\frac{\partial u}{\partial y} + \frac{\partial f}{\partial v}\frac{\partial v}{\partial y} + \frac{\partial f}{\partial w}\frac{\partial w}{\partial y}.$$
$$\frac{\partial}{\partial z}(f \circ g) = \frac{\partial f}{\partial u}\frac{\partial u}{\partial z} + \frac{\partial f}{\partial v}\frac{\partial v}{\partial z} + \frac{\partial f}{\partial w}\frac{\partial w}{\partial z}.$$

Ejemplo 4.8. Calculemos la diferencial de la función

$$f(u(x,y,z), v(x,y,z), w(x,y,z))$$

si $f(u,v,w) = u^2 + v^2 - w$ y $g(x,y,z) = (u(x,y,z), v(x,y,z), w(x,y,z)) = (x^2y, y^2, e^{-xz})$. Aplicando la fórmula anterior tenemos

$$\frac{\partial}{\partial x}(f \circ g) = 2u2xy + 2v \cdot 0 + 1 \cdot ze^{-xz} = 4x^3y^2 + ze^{-xz}.$$
$$\frac{\partial}{\partial y}(f \circ g) = 2ux^2 + 2v2y - 1 \cdot 0 = 4x^4y + 4y^3.$$
$$\frac{\partial}{\partial z}(f \circ g) = 2u \cdot 0 + 2v \cdot 0 + 1 \cdot xe^{-xz} = xe^{-xz}.$$

Multiplicando las matrices $Df(u(x,y,z), v(x,y,z), w(x,y,z))$ y $Dg(x,y,z)$ escribiendo g como $g(x,y,z) = (u(x,y,z), v(x,y,z), w(x,y,z))$, puede obtenerse el mismo resultado:

$$Df(u,v,w) = [2u, 2v, -1],$$

$$Dg(x,y,z) = \begin{bmatrix} 2xy & x^2 & 0 \\ 0 & 2y & 0 \\ -ze^{-xz} & 0 & -xe^{-xz} \end{bmatrix}.$$

Ejemplo 4.9. Dada una función cualquiera $f(x,y)$, hacemos el cambio de variable a coordenadas polares $x = r\cos\theta$, $y = r\sin\theta$. Entonces, la expresión de f en función de las variables r y θ no es más que la composición de las funciones $f(x,y)$ y $g(r,\theta) = (r\cos\theta, r\sin\theta)$, es decir,

$$(f \circ g)(r,\theta) = f(r\cos\theta, r\sin\theta).$$

Usando la regla de la cadena tenemos

$$\frac{\partial}{\partial r}(f \circ g) = \frac{\partial f}{\partial x}\frac{\partial x}{\partial r} + \frac{\partial f}{\partial y}\frac{\partial y}{\partial r} = \frac{\partial f}{\partial x}\cos\theta + \frac{\partial f}{\partial y}\sin\theta.$$
$$\frac{\partial}{\partial \theta}(f \circ g) = \frac{\partial f}{\partial x}\frac{\partial x}{\partial \theta} + \frac{\partial f}{\partial y}\frac{\partial y}{\partial \theta} = -\frac{\partial f}{\partial x}r\sin\theta + \frac{\partial f}{\partial y}r\cos\theta.$$

4.3 Descripción matemática de la velocidad y aceleración

La consideración de las diferentes descripciones de las propiedades de los fluidos motiva la definición de diferentes derivadas que permiten analizar su evolución en el tiempo.

Definición 4.10. Supongamos que ρ es una propiedad que viene descrita en términos de sus coordenadas materiales y espaciales, es decir, $\rho = \bar{\rho}(X_1, X_2, X_3, t) = \tilde{\rho}(x_1, x_2, x_3, t)$, o bien,

$$\rho = \bar{\rho}(X, t) = \tilde{\rho}(x, t). \tag{4.2}$$

La **derivada local** es la variación instantánea de la propiedad en un punto fijo $x = (x_1, x_2, x_3)$:

$$\frac{\partial \tilde{\rho}}{\partial t}(x, t) = \frac{\partial \tilde{\rho}}{\partial t}(x_1, x_2, x_3, t).$$

Por otra parte, la **derivada material** es la variación instantánea de la propiedad siguiendo un punto específico del fluido, correspondiente a las coordenadas materiales $X = (X_1, X_2, X_3)$:

$$\frac{\partial \bar{\rho}}{\partial t}(X, t) = \frac{\partial \bar{\rho}}{\partial t}(X_1, X_2, X_3, t).$$

Si la descripción material de una propiedad ρ se ha obtenido mediante su descripción espacial y las ecuaciones del movimiento $x = x(X, t)$, es decir,

$$\bar{\rho}(X, t) = \tilde{\rho}(x(X, t), t) = \tilde{\rho}(x_1(X, t), x_2(X, t), x_3(X, t), t),$$

la derivada material puede obtenerse aplicando la regla de la cadena:

$$\frac{\partial \bar{\rho}}{\partial t}(X, t) = \frac{\partial}{\partial t} \tilde{\rho}(x_1(X, t), x_2(X, t), x_3(X, t), t) = \sum_{i=1}^{3} \frac{\partial \tilde{\rho}}{\partial x_i}(x(X, t), t) \frac{\partial x_i}{\partial t}(X, t) + \frac{\partial \tilde{\rho}}{\partial t}(x(X, t), t).$$

Definiendo la velocidad como la derivada respecto al tiempo de las coordenadas espaciales x_i,

$$v_i(X, t) := \frac{\partial x_i}{\partial t}(X, t), \quad i = 1, 2, 3,$$

y, utilizando el vector cuyas componentes son las derivadas parciales de $\tilde{\rho}(x)$, respecto de las tres coordenadas espaciales x_i, $i = 1, 2, 3$, al que suele denotarse mediante

$$\nabla \tilde{\rho}(x, t) = (\frac{\partial \tilde{\rho}}{\partial x_1}(x, t), \frac{\partial \tilde{\rho}}{\partial x_2}(x, t), \frac{\partial \tilde{\rho}}{\partial x_3}(x, t)),$$

la derivada material quedará expresada como suma de dos términos:

$$\begin{aligned}
\frac{\partial \bar{\rho}}{\partial t}(X, t) &= \sum_{i=1}^{3} \frac{\partial \tilde{\rho}}{\partial x_i}(x(X, t), t) v_i(X, t) + \frac{\partial \tilde{\rho}}{\partial t}(x(X, t)) \\
&= \sum_{i=1}^{3} \frac{\partial \tilde{\rho}}{\partial x_i}(x(X, t), t) v_i(X, t) + \frac{\partial \tilde{\rho}}{\partial t}(x(X, t), t).
\end{aligned} \tag{4.3}$$

47

Así, si denotamos por $\vec{v}$ el vector de las velocidades, $\vec{v} = (v_1, v_2, v_3)$ con $v_i = \dfrac{\partial x_i}{\partial t}$, $i = 1, 2, 3$, podemos escribir

$$\frac{\partial \bar{\rho}}{\partial t} = \vec{v} \boldsymbol{\nabla} \tilde{\rho} + \frac{\partial \tilde{\rho}}{\partial t}. \tag{4.4}$$

El término correspondiente a $\vec{v}\boldsymbol{\nabla}\tilde{\rho}$ representa la diferencia entre la derivadas materiales y locales de la propiedad. Observemos que si no hay movimiento, entonces $\vec{v} = (0, 0, 0)$ y las derivadas materiales y locales coinciden.

Ejemplo 4.11. Consideremos las siguientes ecuaciones del movimiento de un fluido:

$$\mathrm{x}(X, t) = \mathrm{x}(X_1, X_2, X_3, t) = (X_1 + 2t^2 X_2 - tX_3, X_2 - tX_3, 2tX_1 - t^2 X_2 + X_3),$$

cuyo jacobiano para $t > 0$ satisface

$$J(t) := \det \begin{pmatrix} 1 & 2t^2 & -t \\ 0 & 1 & -t \\ 2t & -t^2 & 1 \end{pmatrix} = 1 + 3t^3 + 2t^2 > 0 \quad \text{y} \quad J(0) = 1.$$

Sea la densidad ρ de un fluido cuya descripción euleriana es

$$\bar{\rho}(\mathrm{x}, t) = \bar{\rho}(x_1, x_2, x_3, t) = x_1 - 2x_2 + x_3 + t^2. \tag{4.5}$$

Sustituyendo

$$x_1 = X_1 + 2t^2 X_2 - tX_3,$$
$$x_2 = X_2 - tX_3,$$
$$x_3 = 2tX_1 - t^2 X_2 + X_3,$$

en la expresión de $\bar{\rho}$, obtenemos directamente la siguiente expresión de la densidad en función de sus coordenadas materiales,

$$\tilde{\rho}(X, t) = \bar{\rho}(\mathrm{x}(X, t)) = X_1 + 2t^2 X_2 - tX_3 - 2(X_2 - tX_3) + 2tX_1 - t^2 X_2 + X_3 + t^2$$
$$= (1 + 2t)X_1 + (t^2 - 2)X_2 + (t + 1)X_3 + t^2.$$

Derivando respecto de la variable t, directamente en $\tilde{\rho}(X, t)$, obtenemos

$$\frac{\partial \tilde{\rho}}{\partial t}(X, t) = 2X_1 + 2tX_2 + X_3 + 2t.$$

Observemos que la derivada material obtenida también podría haberse calculado teniendo en

48

cuenta que la derivada espacial de la densidad es

$$\frac{\partial \bar{\rho}}{\partial t}(\mathrm{x}, t) = \bar{\rho}(x_1, x_2, x_3, t) = 2t,$$

las velocidades

$$v_1(\mathrm{X}, t) = \frac{\partial x_1}{\partial t}(\mathrm{X}, t) = 4tX_2, \quad v_2(\mathrm{X}, t) = \frac{\partial x_2}{\partial t}(\mathrm{X}, t) = X_3,$$

$$v_3(\mathrm{X}, t) = \frac{\partial x_3}{\partial t}(\mathrm{X}, t) = 2X_1 - 2tX_2,$$

nos definen el vector $v(\mathrm{X}, t) = (4tX_2, X_3, 2X_1 - 2tX_2)$ y, finalmente, $\nabla\bar{\rho}(\mathrm{x}, t) = (-1, 2, 1)$. Aplicando la fórmula (4.4), obtenemos:

$$\bar{\rho}(\mathrm{X}, t) = \vec{v}\nabla\bar{\rho}(\mathrm{x}, t) + \frac{\partial\bar{\rho}}{\partial t}(\mathrm{x}, t) = (4tX_2, X_3, 2X_1 - 2tX_2)(-1, 2, 1)^T + 2t = 2X_1 + 2tX_2 + X_3 + 2t.$$

Terminamos esta sección estableciendo la noción de velocidad y aceleración locales en términos de las derivadas.

Definición 4.12. Sean

$$\vec{x} = (x_1, x_2, x_3) = \vec{x}(X_1, X_2, X_3, t) = \vec{x}(\vec{X}, t).$$

las ecuaciones del movimiento de un fluido. La **velocidad local** puede describirse en función de las coordenadas materiales mediante las siguientes derivadas temporales

$$\vec{V}(\vec{X}, t) = (V_1(\vec{X}, t), V_2(\vec{X}, t), V_3(\vec{X}, t)), \quad V_i(\vec{X}, t) := \frac{\partial X_i}{\partial t}(\vec{X}, t), \quad i = 1, 2, 3.$$

Por otra parte, **la aceleración local** también puede darse en función de las coordenadas materiales mediante las derivadas temporales de la velocidad

$$\vec{A}(\vec{X}, t) = (A_1(\vec{X}, t), A_2(\vec{X}, t), A_3(\vec{X}, t)), \quad A_i(\vec{X}, t) := \frac{\partial V_i}{\partial t}(\vec{X}, t), \quad i = 1, 2, 3.$$

Conocidas las ecuaciones inversas del movimiento, $\vec{X} = \vec{X}(\mathrm{x}, t)$, la descripción espacial de la velocidad y de la aceleración vienen dadas por

$$\vec{v}(\vec{x}, t) = \vec{V}(\vec{X}(\vec{x}, t), t), \quad \vec{a}(\vec{x}, t) = \vec{A}(\vec{X}(\vec{x}, t), t).$$

Si se conoce la descripción espacial de la velocidad $\vec{v}(\vec{x}, t)$, entonces la **aceleración total** puede calcularse mediante la siguiente expresión:

$$\vec{a}(\vec{x}, t) = \frac{\partial\vec{v}}{\partial t}(\vec{x}, t) + (\vec{v}(\vec{x}, t) \cdot \nabla)\vec{v}(\vec{x}, t). \tag{4.6}$$

Ejemplo 4.13. Supongamos un movimiento de rotación descrito mediante las siguientes ecuaciones:

$$(x, y) = (r\cos(\omega t + \alpha), r\sin(\omega t + \alpha)).$$

Las coordenadas materiales corresponden a las componentes del vector posición en el instante inicial $t = 0$:

$$(X, Y) = (r\cos\alpha, r\sin\alpha).$$

Así pues, podemos expresar las coordenadas espaciales en función de las coordenadas materiales aplicando las fórmulas trigonométricas

$$\sin(\omega t + \alpha) = \sin(\omega t)\cos\alpha + \cos(\omega t)\sin\alpha, \quad \cos(\omega t + \alpha) = \cos(\omega t)\cos\alpha - \sin(\omega t)\sin\alpha.$$

De esta forma, obtenemos

$$(x, y) = (X\cos(\omega t) - Y\sin(\omega t), X\sin(\omega t) + Y\cos(\omega t)) \qquad (4.7)$$

y las ecuaciones inversas

$$(X, Y) = (x\cos(\omega t) + y\sin(\omega t), -x\sin(\omega t) + y\cos(\omega t)). \qquad (4.8)$$

La descripción material de la velocidad es

$$\vec{V}(\vec{X}, t) = \frac{\partial}{\partial t}(X\cos(\omega t) - Y\sin(\omega t), X\sin(\omega t) + Y\cos(\omega t))$$
$$= (-\omega X\sin(\omega t) - \omega Y\cos(\omega t), X\omega\cos(\omega t) - Y\omega\sin(\omega t)).$$

Teniendo en cuenta las ecuaciones del movimiento (4.7), obtenemos la siguiente descripción espacial de la velocidad:

$$\vec{v}(\mathrm{x}, t) = (-\omega y, \omega x).$$

Respecto de la aceleración, su descripción material es

$$\vec{A}(\vec{X}, t) = \frac{\partial}{\partial t}(-\omega X\sin(\omega t) - \omega Y\cos(\omega t), X\omega\cos(\omega t) - Y\omega\sin(\omega t)).$$
$$= \omega^2(-X\cos(\omega t) + Y\sin(\omega t), -X\sin(\omega t) - Y\cos(\omega t))$$

y, teniendo en cuenta (4.7), obtenemos la siguiente descripción espacial:

$$\vec{a}(\vec{x}, t) = -\omega^2(x, y),$$

que también podría haberse obtenido utilizando la identidad (4.6)

$$\vec{a}(\vec{x}, t) = \frac{\partial}{\partial t}\vec{v}(\vec{x}, t) + (\vec{v}(\vec{x}, t) \cdot \nabla)\vec{v}(\vec{x}, t) = (0, 0) + (-\omega y, \omega x)\begin{pmatrix} \dfrac{\partial}{\partial x}(-\omega y) & \dfrac{\partial}{\partial x}(\omega x) \\ \dfrac{\partial}{\partial y}(-\omega y) & \dfrac{\partial}{\partial y}(\omega x) \end{pmatrix}$$

$$= (-\omega y, \omega x)\begin{pmatrix} 0 & \omega \\ -\omega & 0 \end{pmatrix} = -\omega^2(x, y)$$

4.3.1 Líneas de corriente, trayectorias y traza

Definición 4.14. Se llama «línea de corriente» a la curva que es tangente en todo momento al vector velocidad.

Teniendo en cuenta la definición anterior, la tangente en cada punto a una línea de corriente tiene la misma dirección y el mismo sentido que el vector velocidad en dicho punto.

Sea $\vec{r}(\lambda)$ la ecuación de una línea de corriente en función de un cierto parámetro λ. Su vector tangente queda determinado por $\dfrac{d\vec{r}(\lambda)}{d\lambda}$ y la condición de tangencia del campo de velocidades puede describirse como:

$$\frac{d}{d\lambda}\vec{r}(\lambda) = \vec{v}(\vec{r}(\lambda), t_0), \tag{4.9}$$

que equivale al siguiente sistema de ecuaciones diferenciales, una para cada una de las coordenadas en el espacio de la partícula,

$$\frac{d}{d\lambda}r_i(\lambda) = v_i(\vec{r}(\lambda), t_0), \quad i = 1, 2, 3, \tag{4.10}$$

donde $\vec{v}(\vec{r}, t_0)$ es la descripción espacial del campo de velocidades en el instante t_0.

Ejemplo 4.15. Consideremos un flujo estacionario bidimensional cuya velocidad viene definida por el siguiente campo:

$$\vec{v} = \frac{V_0}{L}\left(x\vec{i} - y\vec{j}\right). \tag{4.11}$$

Como se ha indicado en la definición, las líneas de corriente que definen las curvas tangentes al vector velocidad vienen determinadas por ser tangentes a $d\vec{r}$ y, entonces,

$$\vec{v} \times d\vec{r} = \begin{vmatrix} \vec{i} & \vec{j} & \vec{k} \\ v_x & v_y & v_z \\ dx & dy & dz \end{vmatrix} = 0.$$

En el caso de un flujo bidimensional, podemos simplificarlo a:

$$\frac{dy}{dx} = \frac{v_y}{v_x}.$$

Así pues, en el caso particular que nos ocupa, podemos escribir:

$$\frac{dy}{dx} = \frac{-y\,V_0/L}{x\,V_0/L} = \frac{-y}{x}$$

Para resolver esta ecuación, separamos variables e integramos:

$$\int \frac{dy}{y} = -\int \frac{dx}{x}$$
$$\ln y = -\ln x + cte, \quad \Rightarrow \quad \ln y + \ln x = cte = C,$$

obteniendo la hipérbola de ecuación

$$xy = C.$$

Definición 4.16. Se llama «trayectoria» al lugar geométrico del conjunto de las posiciones que ocupa una partícula fluida en el espacio a lo largo del tiempo.

La trayectoria de una partícula fluida se describe al particularizar las ecuaciones del movimiento en función de sus coordenadas materiales mediante una ecuación que depende de un parámetro t representando el tiempo.

A partir de la descripción espacial del campo de velocidades $\vec{v}(\vec{r}, t)$, las trayectorias se obtienen teniendo en cuenta que, en cada punto $\vec{r}$ del espacio, el vector velocidad es la derivada respecto al tiempo de la ecuación paramétrica de las trayectorias. De esta forma se obtiene la siguiente ecuación diferencial:

$$\frac{d}{dt}\vec{r}(t) = \vec{v}(\vec{x}, t), \tag{4.12}$$

que equivale al siguiente sistema de ecuaciones diferenciales, una para cada una de las coordenadas en el espacio de la partícula,

$$\frac{d}{dt}r_i(t) = v_i(\vec{r}, t), \quad i = 1, 2, 3, \tag{4.13}$$

donde $\vec{r}(t) = (x(t), y(t), z(t))$ y $\vec{v}(t) = (v_1(t), v_2(t), v_3(t))$.

Ejemplo 4.17. La trayectoria se calcula de la propia definición de las componentes del vector velocidad $v_x = \dfrac{dx}{dt}$, $v_y = \dfrac{dy}{dt}$, de forma que

$$\frac{dx}{dt} = \frac{V_0}{L}x \Rightarrow \frac{dx}{x} = \frac{V_0}{L}dt,$$
$$\frac{dy}{dt} = -\frac{V_0}{L}y \Rightarrow \frac{dy}{y} = -\frac{V_0}{L}dt.$$

Integrando entre un punto (x_0, y_0) por el que pasa la trayectoria en t_0 y un punto cualquiera del espacio (x, y) por el que pasa la trayectoria en el tiempo t, se obtiene:

$$\int_{x_0}^{x} \frac{dx}{x} = \int_{t_0}^{t} \frac{V_0}{L} dt \Rightarrow ln\frac{x}{x_0} = \frac{V_0}{L}(t - t_0) \Rightarrow x = x_0 e^{\frac{V_0}{L}(t-t_0)},$$

$$\int_{y_0}^{y} \frac{dy}{y} = -\int_{t_0}^{t} \frac{V_0}{L} dt \Rightarrow ln\frac{y}{y_0} = -\frac{V_0}{L}(t - t_0) \Rightarrow y = y_0 e^{-\frac{V_0}{L}(t-t_0)}.$$

Para obtener la ecuación de la trayectoria, que representa el movimiento que sigue la partícula fluida, y representarla gráficamente, es necesario eliminar el parámetro tiempo.

$$\frac{x}{x_0}e^{\frac{V_0}{L}t_0} = e^{\frac{V_0}{L}t}, \quad \frac{y_0}{y}e^{\frac{V_0}{L}t_0} = e^{\frac{V_0}{L}t}.$$

Igualando, se obtiene:

$$\frac{y_0}{y}e^{\frac{V_0}{L}t_0} = \frac{x}{x_0}e^{\frac{V_0}{L}t_0},$$

y simplificando:

$$xy = x_0 y_0 = C \tag{4.14}$$

que corresponde a la ecuación que representa las trayectorias de las partículas fluidas que pasaron por el punto (x_0, y_0) en t_0.

Definición 4.18. La traza, respecto a un punto fijo x_0 en el espacio y a un intervalo de tiempo $[t_i, t_f]$ es el lugar geométrico de las posiciones que ocupan en el instante t, todas las partículas que salieron de la posición x_0 en un instante anterior $\tau \in [t_i, t] \cap [t_i, t_f]$.

Ejemplo 4.19. Finalmente, para obtener la traza, curva que une en un tiempo fijo las posiciones en las que se encuentran las partículas fluidas que en algún instante de tiempo anterior han salido del mismo punto, se necesita partir de la trayectoria y eliminar el tiempo en el que las partículas pasaron por el punto (x_0, y_0); es decir, el tiempo t_0.

$$\frac{x_0}{x}e^{\frac{V_0}{L}t} = e^{\frac{V_0}{L}t_0} \quad \frac{y}{y_0}e^{\frac{V_0}{L}t} = e^{\frac{V_0}{L}t_0}$$

de forma que igualando se obtiene:

$$\frac{y}{y_0}e^{\frac{V_0}{L}t} = \frac{x_0}{x}e^{\frac{V_0}{L}t}$$

y simplificando,

$$xy = x_0 y_0 = C,$$

obteniéndose el mismo resultado que para las líneas de corriente y trayectorias, como cabía esperar, ya que el flujo es estacionario.

Recordemos que en un flujo estacionario las partículas fluidas que salen de un mismo punto siguen la misma trayectoria y, por tanto, en un tiempo determinado, todas las partículas fluidas que en

53

tiempos anteriores han salido del mismo punto siguen la misma trayectoria que coincidirá con la traza. Por tanto, traza y trayectoria coinciden. Por otro lado, si la trayectoria es la misma, las líneas de corriente que son tangentes en todo momento al vector velocidad siguen la misma curva que la trayectoria. Por ello, la línea de corriente y trayectoria coinciden. Finalmente, podremos decir que en flujo estacionario, línea de corriente, trayectoria y traza coinciden.

4.4 Cambios de variables y de sistemas de coordenadas

En un sistema de coordenadas rectangulares o cartesiano se puede localizar un punto P con un par de valores (x, y) que son las distancias dirigidas (con signo), partiendo del origen, de P a los ejes OX y OY.

Otra forma de representar puntos en el plano es empleando coordenadas polares, en este sistema se necesitan: un ángulo θ y una distancia r. Para medir θ, en radianes, necesitamos una semirrecta dirigida llamada eje polar y para medir r, un punto fijo llamado polo. Si queremos localizar un punto (r, θ) en este sistema de coordenadas, lo primero que tenemos que hacer es trazar una circunferencia de radio r, después trazar una línea con un ángulo de inclinación θ y, por último, localizamos el punto de intersección entre la circunferencia y la recta, este punto será el que queríamos localizar.

Definido un punto P en coordenadas polares por su ángulo θ sobre el eje OX, y su distancia r al centro de coordenadas, se tiene:

$$x = r \cos \theta, \quad y = r \sin \theta.$$

Un aspecto a considerar en los sistemas de coordenadas polares es que un punto del plano puede representarse con un número infinito de coordenadas diferentes, lo cual no sucede en el sistema de coordenadas cartesianas. Es decir, en el sistema de coordenadas polares no hay una correspondencia biunívoca entre los puntos del plano y el conjunto de las coordenadas polares. Esto ocurre porque un punto, definido por un ángulo y una distancia, es el mismo punto que el indicado por ese mismo ángulo más un número de revoluciones completas y la misma distancia. Además, el centro de coordenadas está definido por una distancia nula, independientemente de los ángulos que se especifiquen. Para obtener una única representación de un punto, se suele limitar r a números no negativos $r \geq 0$ y θ al intervalo $[0, 2\pi)$ o $(-\pi, \pi]$.

En muchas ocasiones, la resolución de problemas requiere aplicar cambios en los sistemas de referencia o sistemas de coordenadas utilizados. Además del sistema de coordenadas cartesiano habitual, formado en $\mathbb{R}^3$ por la base ortonormal de vectores $\{\vec{i}, \vec{j}, \vec{k}\}$, cabe la posibilidad de considerar diferentes sistemas de coordenadas y representar los puntos del espacio mediante otras coordenadas distintas de las coordenadas cartesianas; por ejemplo, las coordenadas polares, las coordenadas cilíndricas y las coordenadas esféricas.

Por otra parte, si los problemas que estamos resolviendo involucran expresiones diferenciales, será necesario analizar con detalle el comportamiento de los cambios de variable respecto a la diferenciación de funciones.

Definición 4.20. Se denomina «cambio de variable» de clase C^p a una función $\phi : U \subset \mathbb{R}^n \to \mathbb{R}^n$ de clase C^p que sea invertible; es decir, que sea inyectiva y cuyo jacobiano no se anule.

En general, un cambio de variable no será válido en todo $\mathbb{R}^n$, sino que su validez se restringe a un subconjunto (abierto) $U \subset \mathbb{R}^n$. Para que una función ϕ sea un cambio de variable, su dominio y su imagen deben tener la misma dimensión.

Consideremos un cambio de variables en $\mathbb{R}^n$ por el que pasamos de las variables $(x_1, \ldots, x_n)$ a otras variables $(y_1, \ldots, y_n)$ mediante la siguiente función

$$\phi : \quad U \subset \mathbb{R}^n \to \mathbb{R}^n$$
$$(x_1, \ldots, x_n) \mapsto (y_1, \ldots, y_n) = \phi(x_1, \ldots, x_n)$$

Observemos que, dada $f : C \subset \mathbb{R}^n \to \mathbb{R}^n$ tal que $\phi(U) = C$, el cambio de variable indicado define una nueva función sobre $\mathbb{R}^n$ mediante composición:

$$h : \quad \mathbb{R}^n \xrightarrow{\phi} \mathbb{R}^n \xrightarrow{f} \mathbb{R}^n$$
$$(x_1, \ldots, x_n) \mapsto (y_1, \ldots, y_n) \mapsto f(y_1, \ldots, y_n)$$

La función compuesta $h = f \circ \phi$ puede escribirse de manera explícita en función de la relación entre ambos sistemas de coordenadas:

$$h(x_1, \ldots, x_n) = f(y_1(x_1, \ldots, x_n), \ldots, y_n(x_1, \ldots, x_n)). \tag{4.15}$$

Si tanto f como ϕ son diferenciables, entonces la función compuesta es diferenciable, y su matriz jacobiana se obtiene multiplicando las matrices jacobianas de f y ϕ:

$$Jh = Jf \cdot J\phi \Rightarrow \begin{pmatrix} \dfrac{\partial h_1}{\partial x_1} & \cdots & \dfrac{\partial h_1}{\partial x_n} \\ \vdots & & \vdots \\ \dfrac{\partial h_m}{\partial x_1} & \cdots & \dfrac{\partial h_m}{\partial x_n} \end{pmatrix} = \begin{pmatrix} \dfrac{\partial f_1}{\partial y_1} & \cdots & \dfrac{\partial f_1}{\partial y_n} \\ \vdots & & \vdots \\ \dfrac{\partial f_m}{\partial y_1} & \cdots & \dfrac{\partial f_m}{\partial y_n} \end{pmatrix} \begin{pmatrix} \dfrac{\partial y_1}{\partial x_1} & \cdots & \dfrac{\partial y_1}{\partial x_n} \\ \vdots & & \vdots \\ \dfrac{\partial y_n}{\partial x_1} & \cdots & \dfrac{\partial y_n}{\partial x_n} \end{pmatrix}. \tag{4.16}$$

La multiplicación de matrices nos permite concluir la regla de la cadena que indica cómo varían las derivadas de funciones bajo cambios de variables:

$$\frac{\partial h_i}{\partial x_j} = \frac{\partial f_i}{\partial y_1}\frac{\partial y_1}{\partial x_j} + \cdots \frac{\partial f_i}{\partial y_n}\frac{\partial y_n}{\partial x_j} = \sum_{k=1}^{n} \frac{\partial f_i}{\partial y_k}\frac{\partial y_k}{\partial x_j}; \quad i = 1, 2, \ldots, m; \; j = 1, 2, \ldots, n. \tag{4.17}$$

Las derivadas de orden superior se pueden calcular de manera similar, aplicando reiteradamente esta regla a las propias funciones derivadas.

Definición 4.21. El cambio de coordenadas cartesianas a polares en $\mathbb{R}^2$ es una función de dos variables definida de la siguiente manera:

$$\phi : (0, +\infty) \times (0, 2\pi) \to \mathbb{R}^2$$
$$(r, \varphi) \mapsto (x(r, \varphi), y(r, \varphi)) = (r \cos \varphi, r \operatorname{sen} \varphi)$$

Generalmente se escribe $x(r, \varphi), y(r, \varphi)$ en lugar de $\phi_1(r, \varphi), \phi_2(r, \varphi)$.

Observemos que la función ϕ definida en (4.21) es inyectiva y de clase $\mathcal{C}^\infty$. Su jacobiano es

$$|J\phi(r, \varphi)| = \begin{vmatrix} \dfrac{\partial x}{\partial r} & \dfrac{\partial x}{\partial \varphi} \\ \dfrac{\partial y}{\partial r} & \dfrac{\partial y}{\partial \varphi} \end{vmatrix} = \begin{vmatrix} \cos \varphi & -r \operatorname{sen} \varphi \\ \operatorname{sen} \varphi & r \cos \varphi \end{vmatrix} = r \cos^2 \varphi + r \operatorname{sen}^2 \varphi = r.$$

Consideremos una función de dos variables en coordenadas cartesianas $z(x, y)$ a la que se aplica el cambio a coordenadas polares descrito en (4.21), obteniéndose una nueva función (a la que denotamos también por z que dependerá de las nuevas coordenadas de la siguiente forma:

$$z(r, \phi) = z(x(r, \varphi), y(r, \varphi)).$$

Las derivadas respecto a las coordenadas cartesianas y polares se relacionan de la siguiente manera:

$$\frac{\partial z}{\partial r} = \frac{\partial z}{\partial x}\frac{\partial x}{\partial r} + \frac{\partial z}{\partial y}\frac{\partial y}{\partial r} = \cos \varphi \frac{\partial z}{\partial x} + \operatorname{sen} \varphi \frac{\partial z}{\partial y},$$
$$\frac{\partial z}{\partial \varphi} = \frac{\partial z}{\partial x}\frac{\partial x}{\partial \varphi} + \frac{\partial z}{\partial y}\frac{\partial y}{\partial \varphi} = -r \operatorname{sen} \varphi \frac{\partial z}{\partial x} + r \cos \varphi \frac{\partial z}{\partial y}.$$

Estas relaciones permiten calcular las derivadas de la función z respecto de r, φ a partir de las derivadas respecto de x, y.

Las relaciones pueden invertirse, despejando las derivadas respecto de las coordenadas cartesianas:

$$\frac{\partial z}{\partial x} = \cos \varphi \frac{\partial z}{\partial r} - \frac{1}{r} \operatorname{sen} \varphi \frac{\partial z}{\partial \varphi},$$
$$\frac{\partial z}{\partial y} = \operatorname{sen} \varphi \frac{\partial z}{\partial r} + \frac{1}{r} \cos \varphi \frac{\partial z}{\partial \varphi}.$$

Para fijar ideas, centraremos el estudio a $\mathbb{R}^2$ y describiremos el cambio del sistema de referencia cartesiano al sistema de referencia polar. Dicho cambio podrá generalizarse fácilmente a $\mathbb{R}^3$ para analizar los movimientos y deformaciones en coordenadas cilíndricas y esféricas.

En $\mathbb{R}^2$, el sistema de referencia cartesiano está formado por una base de $\mathbb{R}^2$, $\{\vec{i}, \vec{j}\}$ formada por vectores ortonormales (cuya norma es 1 y son perpendiculares entre sí). El sistema de referencia polar está formado por una nueva base de $\mathbb{R}^2$, $\{\vec{r}, \vec{\theta}\}$ también ortonormal, obtenida al girar un mismo ángulo θ los vectores $\{\vec{i}, \vec{j}\}$. La matriz M_θ del cambio de base, tal que

$$\begin{pmatrix} \vec{r} \\ \vec{\theta} \end{pmatrix} = M_\theta \begin{pmatrix} \vec{i} \\ \vec{j} \end{pmatrix},$$

es

$$M_\theta = \begin{pmatrix} \cos\theta & \sin\theta \\ -\sin\theta & \cos\theta \end{pmatrix},$$

y se llama matriz de rotación. Como ambas bases son ortonormales, M_θ es una matriz unitaria, es decir, $(M_\theta)^{-1} = M_\theta^T$ y, entonces,

$$\begin{pmatrix} \vec{i} \\ \vec{j} \end{pmatrix} = M_\theta^{-1} \begin{pmatrix} \vec{r} \\ \vec{\theta} \end{pmatrix}, \quad M_\theta^{-1} = \begin{pmatrix} \cos\theta & -\sin\theta \\ \sin\theta & \cos\theta \end{pmatrix}.$$

Todo vector $v \in \mathbb{R}^2$ se puede representar mediante un par de coordenadas (v_x, v_y) respecto de la base $\{\vec{i}, \vec{j}\}$ y (v_r, v_θ) respecto de la base $\{\vec{r}, \vec{\theta}\}$, de tal manera que

$$v = (v_x, v_y) \begin{pmatrix} \vec{i} \\ \vec{j} \end{pmatrix} = (v_x, v_y) \begin{pmatrix} \cos\theta & -\sin\theta \\ \sin\theta & \cos\theta \end{pmatrix} \begin{pmatrix} \vec{r} \\ \vec{\theta} \end{pmatrix} = (v_r, v_\theta) \begin{pmatrix} \vec{r} \\ \vec{\theta} \end{pmatrix}$$

e, igualmente,

$$v = (v_r, v_\theta) \begin{pmatrix} \vec{r} \\ \vec{\theta} \end{pmatrix} = (v_r, v_\theta) \begin{pmatrix} \cos\theta & \sin\theta \\ -\sin\theta & \cos\theta \end{pmatrix} \begin{pmatrix} \vec{i} \\ \vec{j} \end{pmatrix} = (v_x, v_y) \begin{pmatrix} \vec{i} \\ \vec{j} \end{pmatrix}.$$

De este modo, podemos escribir:

$$v_x = v_r \cos\theta - v_\theta \sin\theta, \quad v_y = v_r \sin\theta + v_\theta \cos\theta,$$
$$v_r = v_x \cos\theta + v_y \sin\theta, \quad v_\theta = -v_x \sin\theta + v_y \cos\theta.$$

Si $\vec{v}$ representa la velocidad, la expresión de la aceleración en el sistema de referencia polar puede obtenerse teniendo en cuenta la siguiente igualdad:

$$\vec{a}(\vec{x}, t) = \frac{\partial \vec{v}}{\partial t}(\vec{x}, t) + (\vec{v}(\vec{x}, t) \cdot \nabla)\vec{v}(\vec{x}, t).$$

Se comprueba fácilmente que el término correspondiente a la derivada local se puede escribir mediante la siguiente combinación lineal de los vectores del sistema de referencia polar:

$$\frac{\partial \vec{v}}{\partial t}(\vec{x}, t) = \frac{\partial v_r}{\partial t}\vec{r} + \frac{\partial v_\theta}{\partial t}\vec{\theta}.$$

Por otra parte, la derivada conectiva puede escribirse como la siguiente combinación lineal de los vectores del sistema de referencia polar:

$$(\vec{v}(\vec{x}, t) \cdot \nabla)\vec{v}(\vec{x}, t) = \left(v_r \frac{\partial v_r}{\partial r} + \frac{v_\theta}{r}\frac{\partial v_r}{\partial \theta} - \frac{v_\theta^2}{r} \right)\vec{r} + \left(v_r \frac{\partial v_\theta}{\partial r} + \frac{v_\theta}{r}\frac{\partial v_\theta}{\partial \theta} + \frac{v_\theta v_r}{r} \right)\vec{\theta}.$$

57

De este modo, la aceleración queda descrita en términos del sistema de coordenadas polares en $\mathbb{R}^2$ como sigue:

$$\vec{a}(\mathrm{x}, t) = \left(\frac{\partial v_r}{\partial t} + v_r \frac{\partial v_r}{\partial r} + \frac{v_\theta}{r} \frac{\partial v_r}{\partial \theta} - \frac{v_\theta^2}{r} \right) \vec{r} + \left(\frac{\partial v_\theta}{\partial t} + v_r \frac{\partial v_\theta}{\partial r} + \frac{v_\theta}{r} \frac{\partial v_\theta}{\partial \theta} + \frac{v_\theta v_r}{r} \right) \vec{\theta}.$$

Las coordenadas cilíndricas son un sistema de coordenadas para definir la posición de un punto en $\mathbb{R}^3$ mediante un ángulo, una distancia con respecto a un eje y una altura en la dirección del eje.

El sistema de coordenadas cilíndricas es muy conveniente en aquellos casos en que se tratan problemas que tienen simetría de tipo cilíndrico o acimutal. Se trata de una versión en tres dimensiones de las coordenadas polares de la geometría analítica plana.

Un punto P en coordenadas cilíndricas se representa por (r, θ, z), donde:

r: Coordenada radial, definida como la distancia del punto P al eje z, o bien la longitud de la proyección del radiovector sobre el plano OXY.

θ: Coordenada acimutal, definida como el ángulo que forma con el eje OX la proyección del radiovector sobre el plano OXY.

z: Coordenada vertical o altura, definida como la distancia, con signo, desde el punto P al plano OXY.

Los rangos de variación de las tres coordenadas son $0 \leq r < +\infty$, $0 \leq \theta < 2\pi$, $-\infty < z < +\infty$.

Definición 4.22. El cambio de coordenadas cartesianas a cilíndricas en $\mathbb{R}^3$ es una función de tres variables definida de la siguiente manera:

$$\phi : [0, +\infty) \times (0, 2\pi) \times \mathbb{R} \to \mathbb{R}^3$$
$$(r, \varphi, z) \mapsto (x(r, \varphi, z), y(r, \varphi, z), z) = (r \cos \varphi, r \operatorname{sen} \varphi, z)$$

Generalmente se escribe $x(r, \varphi, z), y(r, \varphi, z)$ en lugar de $\phi_1(r, \varphi, z), \phi_2(r, \varphi, z)$.

La aceleración queda descrita en términos del sistema de coordenadas cilíndricas en $\mathbb{R}^3$ como sigue

$$
\begin{aligned}
\vec{a}(\vec{x}, t) &= \left(\frac{\partial v_r}{\partial t} + v_r \frac{\partial v_r}{\partial r} + \frac{v_\theta}{r} \frac{\partial v_r}{\partial \theta} - \frac{v_\theta^2}{r} \right) \vec{r} + \left(\frac{\partial v_\theta}{\partial t} + v_r \frac{\partial v_\theta}{\partial r} + \frac{v_\theta}{r} \frac{\partial v_\theta}{\partial \theta} + \frac{v_\theta v_r}{r} \right) \vec{\theta} \\
&+ \left(v_r \frac{\partial v_\theta}{\partial r} + \frac{v_\theta}{r} \frac{\partial v_\theta}{\partial \theta} + \frac{v_\theta v_r}{r} \right) \vec{k}.
\end{aligned}
$$

Problema 1

Determine la aceleración de la partícula fluida que se mueve bajo un campo de velocidades definido por $\vec{v} = (4 + xy + 2t)\vec{i} + 6x^3\vec{j} + (3xt^2 + z)\vec{k}$ y que se encuentra en el punto $(1, 1, 1)$ en $t = 1$. Solución:

La aceleración de la partícula fluida se determina calculando la derivada sustancia/material/total del vector velocidad siguiendo a la partícula fluida.

$$\vec{a} = \frac{D\vec{v}}{Dt} = \frac{\partial \vec{v}}{\partial t} + (\vec{v} \cdot \boldsymbol{\nabla})\vec{v} \qquad (4.18)$$

que en componentes también se puede escribir como:

$$a_x = \frac{\partial v_x}{\partial t} + v_x \frac{\partial v_x}{\partial x} + v_y \frac{\partial v_x}{\partial y} + v_z \frac{\partial v_x}{\partial z}$$

$$a_y = \frac{\partial v_y}{\partial t} + v_x \frac{\partial v_y}{\partial x} + v_y \frac{\partial v_y}{\partial y} + v_z \frac{\partial v_y}{\partial z}$$

$$a_z = \frac{\partial v_z}{\partial t} + v_x \frac{\partial v_z}{\partial x} + v_y \frac{\partial v_z}{\partial y} + v_z \frac{\partial v_z}{\partial z}$$

En este caso, las componentes del vector velocidad según el campo proporcionado, son:

$$v_x = 4 + xy + 2t, \quad v_y = 6x^3, \quad v_z = 3xt^2 + z,$$

de forma que:

$$a_x = 2 + (4 + xy + 2t)y + 6x^3x + (3xt^2 + z)0,$$

$$a_y = 0 + (4 + xy + 2t)18x^2 + 6x^30 + (3xt^2 + z)0,$$

$$a_z = 6xt + (4 + xy + 2t)3t^2 + 6x^30 + (3xt^2 + z)1,$$

y el vector aceleración queda:

$$\vec{a} = (2 + 4y + xy^2 + 2ty + 6x^4)\vec{i} + (72x^2 + 18x^3y + 36x^2t)\vec{j} + (6xt + 12t^2 + 3xyt^2 + 6t^3 + 3xt^2 + z)\vec{k}.$$

Para calcular la aceleración de la partícula fluida que se encuentra en el punto p=(1, 1, 1) en $t = 1$ ($\vec{a}_p$) no tenemos más que sustituir en la expresión anterior $x = 1$, $y = 1$, $z = 1$ y $t = 1$.

$$\vec{a}_p = (2 + 4 + 1 + 2 + 6)\vec{i} + (72 + 18 + 36)\vec{j} + (6 + 12 + 3 + 6 + 3 + 1)\vec{k} = 15\vec{i} + 126\vec{j} + 31\vec{k}.$$

Problema 2

Un flujo de aire estacionario e incompresible se mueve a través de una tobera, como se puede ver en la Figura 4.1. La tobera, en su sección de salida, tiene una anchura a y una altura b. El perfil de velocidad del flujo de aire viene definido por $v_x = V_0(1 + 2x/L)$. Bajo estas condiciones, determine la aceleración del flujo.

Solución:

La aceleración del flujo de aire que atraviesa la tobera se determina calculando la derivada sustancia/material/total del vector velocidad, definida en (4.18).

En este problema particular, el perfil de velocidades viene dado por una única componente de velocidad (u=componente x del vector velocidad), lo cual indica que el flujo es unidireccional (1D),

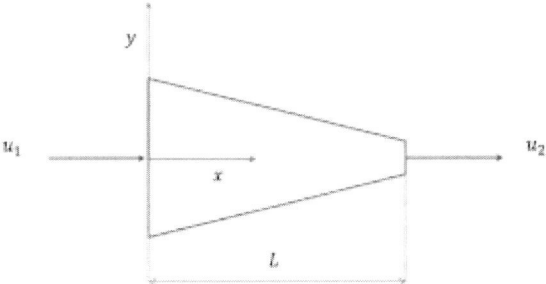

Figura 4.1: Flujo de aire circulando por una tobera de sección rectangular.

por lo que (4.18) se puede simplificar en:

$$a_x = \frac{Dv_x}{Dt} = \frac{\partial v_x}{\partial t} + v_x \frac{\partial v_x}{\partial x} + v_y \frac{\partial v_x}{\partial y} + v_z \frac{\partial v_x}{\partial z},$$

y como $v_y = v_z = 0$ en este problema, (4.18) queda:

$$a_x = \frac{Dv_x}{Dt} = \frac{\partial v_x}{\partial t} + v_x \frac{\partial v_x}{\partial x}.$$

Además, el enunciado del problema indica que el flujo es estacionario, por tanto, no hay variación local temporal: $\dfrac{\partial v_x}{\partial t} = 0$, y finalmente no tenemos más que sustituir:

$$a_x = v_x \frac{\partial v_x}{\partial x} = V_0 \left(1 + \frac{2x}{L}\right) \frac{\partial [V_0(1 + \frac{2x}{L})]}{\partial x} = V_0 \left(1 + \frac{2x}{L}\right) \frac{2V_0}{L} = 2\frac{V_0^2}{L} \left(1 + \frac{2x}{L}\right),$$

$$\vec{a} = a_x \vec{i} = 2\frac{V_0^2}{L} \left(1 + \frac{2x}{L}\right) \vec{i},$$

indicando que el flujo se acelera en la dirección del movimiento, eje x.

Problema 3

Dado el campo de velocidades en un flujo definido por $\vec{v} = \dfrac{A}{r}\vec{r} + \dfrac{B}{r}\vec{\theta}$ donde A, B son constantes, determine el vector aceleración.

Solución:

$$\vec{a} = \frac{D\vec{v}}{Dt} = \frac{\partial \vec{v}}{\partial t} + (\vec{v} \cdot \nabla)\vec{v} = \frac{\partial \vec{v}}{\partial t} + v_r \frac{\partial v_r}{\partial r} + \frac{v_\theta}{r} \frac{\partial v_\theta}{\partial \theta} = \frac{A}{r}\frac{-A}{r^2} + \frac{B}{r^2} \cdot 0 = -\frac{A^2}{r^3}.$$

Problema 4

Un flujo de aire de densidad constante ρ circula por un conducto convergente de anchura infinita con un campo de velocidades definido por $\vec{v} = (U_0 + bx)\vec{i} - by\vec{j}$. El campo de presiones en el interior del conducto viene descrito por la expresión $P = P_0 - \dfrac{\rho}{2}[2U_0bx + b^2(x^2 + y^2)]$ donde U_0 representa un valor constante característico horizontal y P_0 el valor de presión del flujo en $x = 0$. Determine:

a) Si el flujo es estacionario.

b) Si el flujo es incompresible.

c) El vector aceleración del flujo.

d) La velocidad de cambio de la presión en este flujo.

e) Si el flujo es irrotacional.

f) Si existen esfuerzos viscosos.

Solución:

a) No existe dependencia de la velocidad con el tiempo, $\dfrac{\partial \vec{v}}{\partial t} = 0$, por lo que el flujo es estacionario.

b) Para ver si el flujo es incompresible comprobaremos si la divergencia del vector velocidad es nula; ya que la densidad es constante en tiempo y espacio, por lo que solo hace falta comprobar esta condición.

$$\nabla \cdot \vec{v} = \frac{\partial u}{\partial x} + \frac{\partial v}{\partial y} = b - b = 0.$$

Por lo tanto, el flujo es incompresible.

c) Calculamos la aceleración del flujo a través de la derivada sustancial del vector velocidad

$$\vec{a} = \frac{D\vec{v}}{Dt} = \frac{\partial \vec{v}}{\partial t} + (\vec{v} \cdot \nabla)\vec{v} = \frac{\partial u}{\partial x}\vec{i} + \frac{\partial v}{\partial y}\vec{j} + u\frac{\partial \vec{v}}{\partial x} + v\frac{\partial \vec{v}}{\partial y} = (U_0 b + b^2 x)\vec{i} + b^2 y\vec{j}.$$

d) Para calcular la velocidad de cambio de la presión en el flujo siguiendo a la partícula fluida necesito calcular la derivada sustancial de la presión.

$$\frac{DP}{Dt} = \frac{\partial P}{\partial t} + (\vec{v} \cdot \nabla)P = \frac{\partial P}{\partial t} + u\frac{\partial P}{\partial x} + v\frac{\partial P}{\partial y}$$
$$= (U_0 + bx)(-\rho U_0 b - \rho b^2 x) - by(-\rho b^2 y) = \rho b^3 y^2 - \rho b(U_0 + bx)^2.$$

e) Para ver si el flujo es irrotacional necesitamos calcular $\nabla \times \vec{v}$ y ver si se anula.

$$\nabla \times \vec{v} = \begin{vmatrix} \vec{i} & \vec{j} & \vec{k} \\ \dfrac{\partial}{\partial x} & \dfrac{\partial}{\partial y} & \dfrac{\partial}{\partial z} \\ u & v & w \end{vmatrix} = \vec{i}\left(\frac{\partial w}{\partial y} - \frac{\partial v}{\partial z}\right) - \vec{j}\left(\frac{\partial w}{\partial x} - \frac{\partial u}{\partial z}\right) + \vec{k}\left(\frac{\partial v}{\partial x} - \frac{\partial u}{\partial y}\right) = 0.$$

El flujo es irrotacional.

61

f) Para saber si existen esfuerzos viscosos tenemos que calcular el tensor de esfuerzos de deformación global, anulando los esfuerzos normales que están asociados al cambio de volumen y dan cuenta de los procesos de dilatación, para quedarnos solo con la parte de esfuerzos tangenciales debidos al rozamiento o viscosidad. De esta forma:

$$\tau' = \mu \begin{vmatrix} 0 & \left(\dfrac{\partial v}{\partial x} + \dfrac{\partial u}{\partial y}\right) & \left(\dfrac{\partial w}{\partial x} + \dfrac{\partial u}{\partial z}\right) \\ \left(\dfrac{\partial v}{\partial x} + \dfrac{\partial u}{\partial y}\right) & 0 & \left(\dfrac{\partial w}{\partial y} + \dfrac{\partial v}{\partial z}\right) \\ \left(\dfrac{\partial w}{\partial x} + \dfrac{\partial u}{\partial z}\right) & \left(\dfrac{\partial w}{\partial y} + \dfrac{\partial v}{\partial z}\right) & 0 \end{vmatrix} = 0.$$

No existen esfuerzos viscosos o de deformación.

Problema 5

Algunas de las líneas de corriente de un flujo bidimensional definido por $\vec{v} = cy\vec{i} + cx\vec{j}$ se muestran en la Figura 4.2. Determine el gradiente de la velocidad y los tensores de velocidad de rotación, de dilatación, de deformación angular y de deformación global.

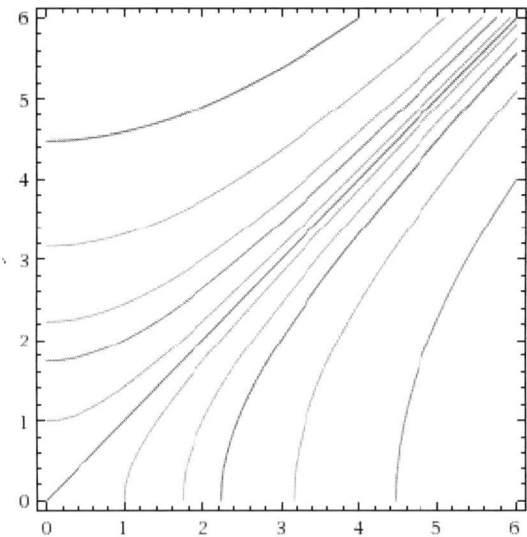

Figura 4.2: Líneas de corriente del flujo definido por $\vec{v} = cy\vec{i} + cx\vec{j}$.

Solución:

- Gradiente de velocidad:

$$\nabla \vec{v} = \frac{\partial v_j}{\partial x_i} = \begin{pmatrix} \dfrac{\partial u}{\partial x} & \dfrac{\partial v}{\partial x} & \dfrac{\partial w}{\partial x} \\[2mm] \dfrac{\partial u}{\partial y} & \dfrac{\partial v}{\partial y} & \dfrac{\partial w}{\partial y} \\[2mm] \dfrac{\partial u}{\partial z} & \dfrac{\partial v}{\partial z} & \dfrac{\partial w}{\partial z} \end{pmatrix} = \begin{pmatrix} 0 & c & 0 \\ c & 0 & 0 \\ 0 & 0 & 0 \end{pmatrix}.$$

- Tensor velocidad de rotación:

$$\zeta = \begin{pmatrix} 0 & \dfrac{1}{2}\left(\dfrac{\partial v}{\partial x} - \dfrac{\partial u}{\partial y}\right) & \dfrac{1}{2}\left(\dfrac{\partial w}{\partial x} - \dfrac{\partial u}{\partial z}\right) \\[2mm] \dfrac{1}{2}\left(\dfrac{\partial u}{\partial y} - \dfrac{\partial v}{\partial x}\right) & 0 & \dfrac{1}{2}\left(\dfrac{\partial w}{\partial y} - \dfrac{\partial v}{\partial z}\right) \\[2mm] \dfrac{1}{2}\left(\dfrac{\partial u}{\partial z} - \dfrac{\partial w}{\partial x}\right) & \dfrac{1}{2}\left(\dfrac{\partial v}{\partial z} - \dfrac{\partial w}{\partial y}\right) & 0 \end{pmatrix} = \begin{pmatrix} 0 & 0 & 0 \\ 0 & 0 & 0 \\ 0 & 0 & 0 \end{pmatrix}.$$

Como el tensor de rotación es nulo, el rotacional del campo de la velocidad también lo será, indicando que el flujo es irrotacional.

- Tensor de dilatación:

$$\epsilon = \begin{pmatrix} \dfrac{1}{3}\nabla \cdot \vec{v} & 0 & 0 \\[2mm] 0 & \dfrac{1}{3}\nabla \cdot \vec{v} & 0 \\[2mm] 0 & 0 & \dfrac{1}{3}\nabla \cdot \vec{v} \end{pmatrix},$$

siendo $\nabla \cdot \vec{v} = \dfrac{\partial u}{\partial x} + \dfrac{\partial v}{\partial y} = 0$, este tensor queda:

$$\epsilon = \begin{pmatrix} 0 & 0 & 0 \\ 0 & 0 & 0 \\ 0 & 0 & 0 \end{pmatrix}.$$

El que la divergencia del vector velocidad sea nula significa que el flujo es incompresible, cuando la densidad del fluido en cuestión es constante, lo cual implica que no puede haber dilatación o compresión y, por este motivo, el tensor de dilatación es nulo.

- Tensor de deformación angular y de deformación global:

Ya hemos visto que el tensor de dilatación es nulo, de forma que los tensores velocidad de deformación angular, sin cambio de volumen, y el tensor velocidad de deformación global son iguales $e = e_G - \epsilon = e_G$.

$$e_G = \begin{pmatrix} \dfrac{\partial u}{\partial x} & \dfrac{1}{2}\left(\dfrac{\partial u}{\partial y} + \dfrac{\partial v}{\partial x}\right) & \dfrac{1}{2}\left(\dfrac{\partial u}{\partial z} - \dfrac{\partial w}{\partial x}\right) \\[2mm] \dfrac{1}{2}\left(\dfrac{\partial v}{\partial x} + \dfrac{\partial u}{\partial y}\right) & \dfrac{\partial v}{\partial y} & \dfrac{1}{2}\left(\dfrac{\partial v}{\partial z} - \dfrac{\partial w}{\partial y}\right) \\[2mm] \dfrac{1}{2}\left(\dfrac{\partial w}{\partial x} - \dfrac{\partial u}{\partial z}\right) & \dfrac{1}{2}\left(\dfrac{\partial w}{\partial y} + \dfrac{\partial v}{\partial z}\right) & \dfrac{\partial w}{\partial z} \end{pmatrix} = \begin{pmatrix} 0 & c & 0 \\ c & 0 & 0 \\ 0 & 0 & 0 \end{pmatrix}.$$

63

De esta forma, este flujo irrotacional e incompresible posee tensores de rotación y dilatación nulos, pero el tensor velocidad de deformación angular no es nulo; pudiendo la viscosidad producir deformaciones angulares. Además, comprobamos que la suma de rotación, deformación y dilatación coincide con el gradiente del campo de velocidad.

Problema 6

Un flujo oscilatorio sale de una manguera de riego como la que se muestra en la figura, obedeciendo a un campo de velocidades definido por $\vec{v} = u_0\,\mathrm{sen}\left(\omega\left(t - \dfrac{y}{v_0}\right)\right)\vec{i} + v_0\vec{j}$, donde u_0, v_0 y ω son constantes. determine:

a) La línea de corriente que pasa a través del origen en $t = 0$ y en $t = \dfrac{\pi}{2\omega}$.

b) La trayectoria de la partícula que estaba en el origen en $t = 0$ y en $t = \dfrac{\pi}{2\omega}$.

c) La traza de las partículas que estaban en el origen en $t = 0$ y en $t = \dfrac{\pi}{2\omega}$.

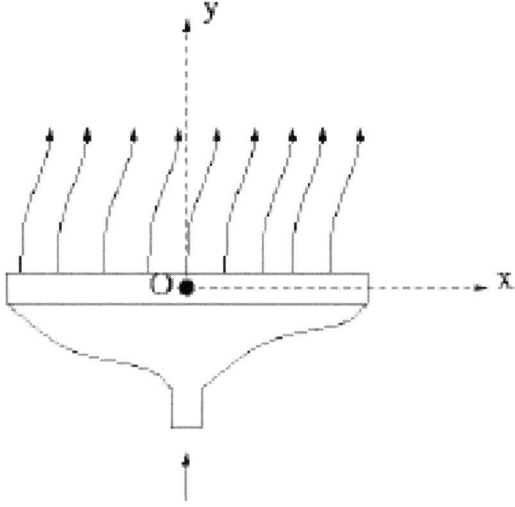

Figura 4.3: Flujo oscilatorio que se produce a la salida de una manguera de riego.

Solución:

a) La línea de corriente para este flujo bidimensional, la calculamos como:

$$\frac{dx}{u} = \frac{dy}{v} \quad \longrightarrow \quad \frac{dx}{u_0\,\mathrm{sen}\left(\omega\left(t - \frac{y}{v_0}\right)\right)} = \frac{dy}{v_0} \quad \longrightarrow \quad u_0\,\mathrm{sen}\left(\omega\left(t - \frac{y}{v_0}\right)\right)dy = v_0 dx.$$

Integramos porque las variables ya están separadas y no se puede simplificar más,

$$u_0\int \mathrm{sen}\left(\omega\left(t - \frac{y}{v_0}\right)\right)dy = v_0\int dx$$

64

Para resolver la integral realizamos el cambio de variable $\eta = \omega \left(t - \dfrac{y}{v_0} \right)$, siendo $d\eta = -\dfrac{\omega}{v_0} dy$

$$u_0 \int \operatorname{sen} \eta \left(\frac{-v_0}{\omega} \right) d\eta = v_0 \int dx \quad \longrightarrow \quad u_0 \left(\frac{-v_0}{\omega} \right) \int \operatorname{sen} \eta \, d\eta = v_0 \int dx$$

$$\longrightarrow \quad \frac{u_0 v_0}{\omega} \cos \eta = v_0 x + C.$$

Deshaciendo el cambio de variable

$$\frac{u_0 v_0}{\omega} \cos \left(\omega \left(t - \frac{y}{v_0} \right) \right) = v_0 x + C \tag{4.19}$$

Para determinar la constante de integración, hacemos uso de los datos del enunciado en el que nos indican que calculemos la línea de corriente que pasa por el origen; es decir, por el punto $x = 0$, $y = 0$, así que sustituimos

$$\frac{u_0 v_0}{\omega} \cos \left(\omega t \right) = C$$

Sustituyendo el valor que acabamos de obtener de la constante C en (4.19) obtenemos la línea de corriente que pasa por el origen para cualquier tiempo:

$$\frac{u_0 v_0}{\omega} \cos \left(\omega \left(t - \frac{y}{v_0} \right) \right) = v_0 x + \frac{u_0 v_0}{\omega} \cos \left(\omega t \right)$$

Operando:

$$\frac{u_0 v_0}{\omega} \cos \left(\omega \left(t - \frac{y}{v_0} \right) \right) - \frac{u_0 v_0}{\omega} \cos \left(\omega t \right) = v_0 x.$$

Evaluamos a continuación la línea de corriente que pasa por el origen en los dos instantes de tiempo que nos indican:

- Para $t = 0$,
$$\frac{u_0 v_0}{\omega} \cos \left(\omega \left(- \frac{y}{v_0} \right) \right) - \frac{u_0 v_0}{\omega} = v_0 x.$$

Usando que el coseno es una función par y entonces $cos(-\alpha) = cos(\alpha)$,

$$\frac{u_0 v_0}{\omega} \cos \left(\omega \left(\frac{y}{v_0} \right) \right) - \frac{u_0 v_0}{\omega} = v_0 x \quad \longrightarrow \quad x = \frac{u_0}{\omega} \left(\cos \left(\omega \left(\frac{y}{v_0} \right) \right) - 1 \right).$$

- Para $t = \dfrac{\pi}{2\omega}$,
$$\frac{u_0 v_0}{\omega} \cos \left(\omega \left(\frac{\pi}{2\omega} - \frac{y}{v_0} \right) \right) - \frac{u_0 v_0}{\omega} \cos \left(\omega \frac{\pi}{2\omega} \right) = v_0 x$$

$$\longrightarrow \quad \frac{u_0}{\omega} \cos \left(\frac{\pi}{2} - \frac{\omega y}{v_0} \right) - \frac{u_0}{\omega} \cos \frac{\pi}{2} = x.$$

Teniendo en cuenta que $\cos \dfrac{\pi}{2} = 0$ y que $\cos \left(\dfrac{\pi}{2} - \dfrac{\omega y}{v_0} \right) = sen \left(\dfrac{\omega y}{v_0} \right)$, queda:

$$\frac{u_0}{\omega} \operatorname{sen} \left(\frac{\omega y}{v_0} \right) = x.$$

Podemos representar gráficamente las líneas de corriente que pasan por el origen para estos dos tiempos concretos:

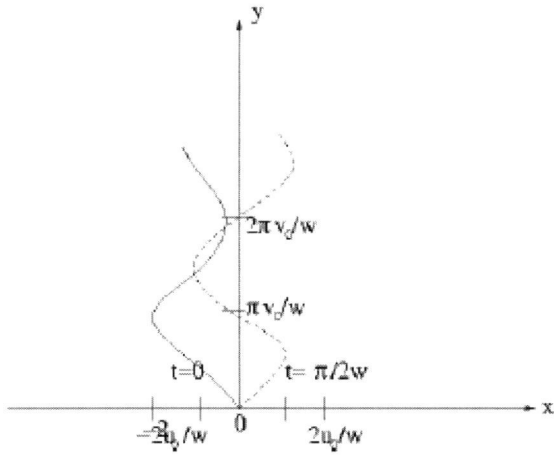

Figura 4.4: Líneas de corriente que pasan por el origen en $t = 0$ y $t = \dfrac{\pi}{2\omega}$ para un flujo oscilante que sale de una manguera.

b) La trayectoria viene determinada por la definición del vector velocidad como $\vec{v} = \dfrac{d\vec{r}}{dt}$, y que en un caso bidimensional como este se divide en $u = \dfrac{dx}{dt}$ y $v = \dfrac{dy}{dt}$, de forma que las ecuaciones a resolver son:

$$u_0 \operatorname{sen}\left(\omega\left(t - \frac{y}{v_0}\right)\right) = \frac{dx}{dt}$$

y

$$v_0 = \frac{dy}{dt}$$

Separando variables e integrando en el eje y, obtenemos:

$$v_0 dt = dy \quad \longrightarrow \quad v_0 \int dt = \int dy \quad \longrightarrow \quad y = v_0 t + C_1 \tag{4.20}$$

Separamos variables antes de integrar,

$$u_0 \operatorname{sen}\left(\omega\left(t - \frac{y}{v_0}\right)\right) dt = dx \tag{4.21}$$

Sustituyendo $y = v_0 t + C_1$

$$u_0 \operatorname{sen}\left(\omega\left(t - t - \frac{C_1}{v_0}\right)\right) dt = dx \quad \longrightarrow \quad u_0 \operatorname{sen}\left(\omega\left(-\frac{C_1}{v_0}\right)\right) dt = dx.$$

Teniendo en cuenta que $\mathbf{sen}(-\alpha) = -sen\alpha$

$$-u_0 \, \mathbf{sen} \left(\omega \frac{C_1}{v_0} \right) dt = dx.$$

Para facilitar el cálculo, en lugar de realizar la integral indefinida para después tener que calcular el valor de la constante de integración, realizamos la integral definida

$$-u_0 \, \mathbf{sen} \left(\omega \frac{C_1}{v_0} \right) \int_{t_0}^{t} dt = \int_{x_0}^{x} dx,$$

de forma que

$$x - x_0 = -u_0 \, \mathbf{sen} \left(\omega \frac{C_1}{v_0} \right) (t - t_0).$$

De la ecuación (4.20), despejamos $C_1 = y - v_0 t$, que evaluado en el punto $y = y_0$ en $t = t_0$, conduce a $C_1 = y_0 - v_0 t_0$; de forma que

$$y = y_0 + v_0(t - t_0),$$
$$x = x_0 - u_0(t - t_0) \, \mathbf{sen} \left(\omega \frac{y_0 - v_0 t_0}{v_0} \right) = x_0 - u_0(t - t_0) \, \mathbf{sen} \left(\omega \frac{y_0}{v_0} - \omega t_0 \right).$$

A continuación, vamos a sustituir $x_0 = 0$ e $y_0 = 0$ para averiguar la trayectoria de las partículas que pasan por el origen:

$$y = v_0(t - t_0), \quad x = -u_0(t - t_0) \, \mathbf{sen} \, (-t_0)$$

que para $t = 0$ se convierte en

$$y = v_0 t, \quad x = 0,$$

indicando que la partícula que está en el origen en $t = 0$ no oscila y la trayectoria es una línea recta.

En el caso $t = \dfrac{\pi}{2\omega}$ se convierte en

$$y = v_0 \left(t - \frac{\pi}{2\omega} \right)$$
$$x = -u_0 \left(t - \frac{\pi}{2\omega} \right) \, \mathbf{sen} \left(-\omega \frac{\pi}{2\omega} \right) = -u_0 \left(t - \frac{\pi}{2\omega} \right) \, \mathbf{sen} \left(-\frac{\pi}{2} \right) = u_0 \left(t - \frac{\pi}{2\omega} \right) \, \mathbf{sen} \left(\frac{\pi}{2} \right).$$

Sustituyendo $\left(t - \dfrac{\pi}{2\omega} \right) = \dfrac{y}{v_0}$ de la primera ecuación, en la segunda, queda

$$x = u_0 \frac{y}{v_0} \, \mathbf{sen} \left(\frac{\pi}{2} \right) = u_0 \frac{y}{v_0}$$

o, reordenando

$$\frac{y}{x} = \frac{v_0}{u_0}, \quad y = \frac{v_0}{u_0} x,$$

que representan líneas rectas de pendiente $\dfrac{v_0}{u_0}$; por lo que las trayectorias de las partículas fluidas que salen de la manguera son líneas rectas desde el origen con diferente pendiente según el valor de las constantes u_0 y v_0, que representan los valores de la velocidad en el origen, como se muestra en la figura.

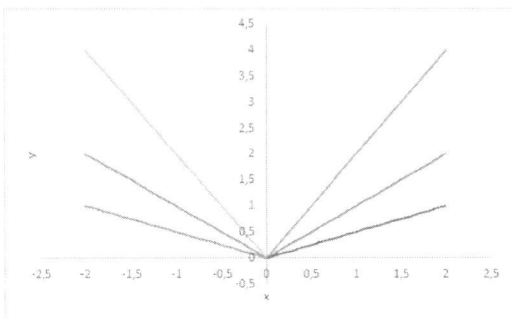

Figura 4.5: Trayectorias de las partículas fluidas en $t = 0$ y $t = \dfrac{\pi}{2\omega}$ para un flujo oscilante que sale de una manguera.

c) La traza se obtiene integrando el campo de velocidades, como se hizo para la trayectoria en el apartado anterior y eliminando el tiempo por el que han pasado todas las trayectorias t_0

$$y = y_0 + v_0(t - t_0), \quad x = x_0 - u_0(t - t_0)\operatorname{sen}(-\omega t_0).$$

Como la traza recoge la posición de las partículas que en un instante anterior salieron del origen, vamos a sustituir en primer lugar $x_0 = 0$ e $y_0 = 0$, de forma que

$$y = v_0(t - t_0), \quad x = -u_0(t - t_0)\operatorname{sen}(-\omega t_0) = u_0(t - t_0)\operatorname{sen}(\omega t_0).$$

A continuación, despejamos t_0 de la primera ecuación y sustituimos en la segunda

$$t_0 = t - \frac{y}{v_0}, \quad x = u_0\left(t - t + \frac{y}{v_0}\right)\operatorname{sen}\left(\omega\left(t - \frac{y}{v_0}\right)\right) = u_0\left(\frac{y}{v_0}\right)\operatorname{sen}\left(\omega\left(t - \frac{y}{v_0}\right)\right).$$

Para $t = 0$, la traza de las partículas que en $t = t_0$ pasaron por el origen es:

$$x = -u_0\left(\frac{y}{v_0}\right)\operatorname{sen}\left(\omega\frac{y}{v_0}\right)$$

Y para $t = \dfrac{\pi}{2\omega}$, la traza de las partículas que en $t = t_0$ pasaron por el origen es:

$$x = u_0\left(\frac{y}{v_0}\right)\operatorname{sen}\left(\frac{\pi}{2} - \omega\frac{y}{v_0}\right) = u_0\left(\frac{y}{v_0}\right)\cos\left(\omega\frac{y}{v_0}\right).$$

En la siguiente figura se muestran las trazas en $t = 0$ y $t = \dfrac{\pi}{2\omega}$ que describen todas las partículas que en un tiempo anterior pasaron por el origen, así como las trayectorias de las partículas que pasaron por el origen en los instantes $t_0 = 0$ y $t_0 = \dfrac{\pi}{2\omega}$.

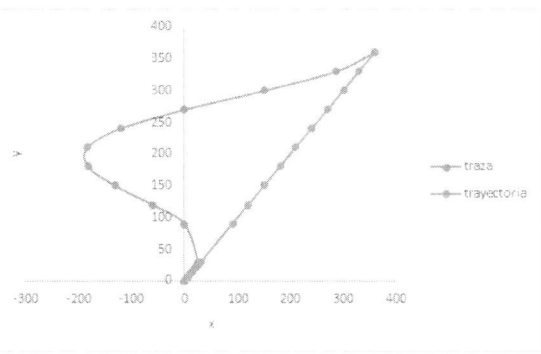

Figura 4.6: Traza de las partículas fluidas en $t = 0$ y $t = \dfrac{\pi}{2\omega}$ para un flujo oscilante que sale de una manguera.

Cada partícula que sale del origen viaja en una línea recta en el haz cuya pendiente varía entre $\pm\dfrac{v_0}{u_0}$. Las partículas que pasan por el origen en tiempos diferentes viajan por diferentes líneas rectas y la traza sería la dibujada en la figura con carácter cosenoidal a través de los diferentes líneas rectas.

Problemas propuestos

a) Determine la ecuación de la línea de corriente que pasa por el punto $(1, 0)$ para un campo de velocidades definido por $\vec{v} = y\vec{i} - x\vec{j}$.

b) Un fluido se mueve bajo un campo de velocidades dado por: $\vec{v} = ax\vec{i} - ay\vec{j}$, donde a es una constante. Determine:

    a) La línea de corriente que pasa por el punto $(2, 8)$.

    b) La trayectoria de las partículas que pasan por el punto (x_0, y_0) en $t = 0$.

c) Dado el campo de velocidades definido por $\vec{v} = (1 + at + bt^2)\vec{i} + x\vec{j}$, determine:

    a) La línea de corriente que en el tiempo t_0 pasa por el punto (x_0, y_0).

    b) La trayectoria de una partícula fluida que en el tiempo t_0 se encontraba en el punto (x_0, y_0).

    c) Bajo qué condiciones el flujo sería estacionario, atendiendo a las líneas características del flujo.

d) Un flujo se mueve bajo el campo de velocidades definido por $\vec{v} = \dfrac{x}{1 + t}\vec{i} + \dfrac{y}{1 + 2t}\vec{j} + 0\vec{k}$, determine:

    a) La ecuación de las líneas de corriente. Represéntelas de forma gráfica.

    b) La trayectoria de las partículas que pasan por el punto (x_0, y_0, z_0) en $t_0 = 0$. Represéntela de forma gráfica.

c) La traza de las partículas que en $t_0 = 0$ pasaron por el punto (x_0, y_0, z_0). Represéntela de forma gráfica.

e) Un flujo no estacionario, incompresible y bidimensional viene representado por el campo de velocidades $\vec{v} = (0,5 + 0,8x)\vec{i} + (1,5 + 2,5\,\mathbf{sen}(\omega t) - 0,8y)\vec{j}$. Represente gráficamente las líneas de corriente en $t = 2s$, siendo $\omega = 2\pi rad/s$.

f) Represente la trayectoria seguida por una partícula fluida que pasa por el punto $(1, 1)$ en $t = 0s$ bajo el siguiente campo de velocidades $\vec{v} = x(1 + \frac{t}{2})\vec{i} + y\vec{j}$. Dibuje la evolución de esta trayectoria en el tiempo, pasando por el mismo punto, y evaluándola en $t = 1s$ y $t = 2s$.

Capítulo 5

Dinámica de fluidos

Dentro de la dinámica de fluidos, se dedica un apartado especial a cómo calcular las fuerzas de presión que los fluidos ejercen sobre cuerpos y superficies sólidas que se encuentran dentro (de forma parcial o total) de un fluido en reposo, también conocida como «Fluidostática». Se define la presión motriz como variable que se mantiene constante según la ley fundamental de la Fluidostática, que nos permite calcular la presión en cualquier punto dentro de un fluido en reposo y que representa un balance entre las fuerzas de gravedad y las de presión. Se usarán conceptos de mecánica del sólido rígido como el cálculo de fuerzas y momentos, pero aplicados a los fluidos, con la particularidad de que la presión no es una magnitud constante.

A continuación, se hace uso de las ecuaciones de conservación de masa, cantidad de movimiento y energía en su forma integral, deducidas de los teoremas de transporte de Reynolds, y aplicadas a volúmenes de control para resolver cualquier problema de Mecánica de Fluidos a través de los contornos del volumen de control, sin detallar lo que ocurre dentro de él. Introduciremos el concepto del volumen de control como una herramienta esencial para analizar sistemas fluidos en movimiento desde el punto de vista euleriano. Al delimitar una región en el espacio, podemos observar cómo la masa y la cantidad de movimiento entra y sale de esta región, lo que nos proporciona una visión integral de las transformaciones que ocurren en un fluido en movimiento. Esta técnica nos permite analizar sistemas complejos y prever cómo las variables cambian con el tiempo sin informar de muchos detalles del flujo. La conservación de la masa y la cantidad de movimiento nos permitirá abordar la evolución de los fluidos en movimiento; por un lado, la conservación de la masa nos indica que, en un sistema cerrado, la cantidad total de masa permanece constante, lo que tiene implicaciones en la comprensión de cómo los fluidos fluyen y se mezclan en un sistema. Por otro lado, la conservación de la cantidad de movimiento, también conocida como «principio de acción y reacción», nos ayuda a descifrar cómo las fuerzas y aceleraciones en un fluido se relacionan con las fuerzas que causan su cambio en la cantidad de movimiento.

5.1   Cálculo de primitivas

Para resolver problemas dentro de un volumen de control necesitaremos conocer todas las herramientas relacionadas con la formulación integral. La integración es una herramienta matemática que permite obtener una función cuya derivada es conocida y constituye, por tanto, un potente instrumento para construir nuevas funciones. De hecho, la integración es una de las herramientas más versátiles del Cálculo matemático, con numerosas aplicaciones en el cálculo de áreas de regiones planas, volúmenes de sólidos, longitudes de curvas, centros de masas, momentos de inercia, áreas de superficies tridimensionales. Por otra parte, desde el punto de vista de la Física, la integración también permite la representación de magnitudes como el trabajo, la fuerza ejercida por una presión, o la energía potencial en un campo de fuerzas.

Existen diferentes tipos de integrales: integral de Riemann, de Riemman-Stieltjes o de Lebesgue, entre otras. Desde un punto de vista matemático, la integral de Lebesgue quizás sea la más interesante. Sin embargo, en este trabajo nos centraremos en la integral de Riemann de funciones acotadas definidas en intervalos compactos $[a, b]$ y que se denota mediante

$$\int_b^a f(x)\, dx. \tag{5.1}$$

> **Definición 5.1.** Al valor de la integral (5.1) se le denomina «integral definida de f en $[a, b]$».

Si $f(x) \geq 0$ para todo $x \in [a, b]$, el valor de la integral (5.1) se puede interpretar como el área de la figura plana S por debajo de la gráfica $y = f(x)$, $x \in [a, b]$, es decir,

$$S = \{(x, y) \in \mathbb{R}^2 \mid a \leq x \leq b,\ 0 \leq y \leq f(x)\}.$$

La idea básica que permite definir matemáticamente este tipo de integral consiste en aproximar el área de la región S mediante sumas de áreas de ciertos rectángulos (denominadas «sumas de Riemann») que, bajo ciertas condiciones, convergen al valor del área. Las funciones continuas en $[a, b]$ son casos particulares de funciones integrables, es decir, que tienen integral.

Como repaso de conceptos ya conocidos, se presenta a continuación un breve resumen sobre el cálculo de primitivas de funciones de una variable. Recordemos, en primer lugar, este concepto tan importante.

> **Definición 5.2.** Sea $f : [a, b] \to \mathbb{R}$. Se dice que la función $F : [a, b] \to \mathbb{R}$ es una primitiva de f en el intervalo $[a, b]$ si F es continua en $[a, b]$, derivable en (a, b) y verifica la siguiente propiedad:
> $$F'(x) = f(x), \quad x \in (a, b).$$

Es importante advertir que no todas las funciones tienen primitivas. Sin embargo, la continuidad en un intervalo $[a, b]$ es una propiedad que garantiza su existencia. Por otra parte, dado que el concepto de primitiva se define a partir del concepto de derivada, queda claro que si F_1 es una primitiva de f, entonces la función

$$F_2(x) = F_1(x) + C, \quad C \in \mathbb{R}$$

es también una primitiva de f. Esta propiedad motiva la siguiente definición.

Definición 5.3. Sea $f : [a, b] \to \mathbb{R}$. La integral indefinida de f se denota por $\int f(x)dx$ y es el conjunto de primitivas de f. Si F es una primitiva de f, entonces la integral indefinida de f se escribe

$$\int f(x)dx = F(x) + C, \tag{5.2}$$

donde el número $C \in \mathbb{R}$ se denomina «constante de integración».

La Regla de Barrow establece que la integral definida (5.1) de $f : [a, b] \to \mathbb{R}$ coincide con la diferencia entre los valores que toma cualquier primitiva de la función en los extremos del intervalo, es decir,

$$\int_a^b f(t)\, dt = F(b) - F(a),$$

donde $F'(x) = f(x)$ para todo $x \in [a, b]$. A continuación, presentamos ejemplos sencillos en los que se aplica la Regla de Barrow para calcular integrales definidas y áreas.

Ejemplo 5.4. Para calcular $\int_0^1 x^2\, dx$, debemos encontrar una primitiva de x^2 y evaluarla en los extremos de integración:

$$\int_0^1 x^2\, dx = \left[\frac{x^3}{3}\right]_0^1 = \frac{1}{3} - 0 = \frac{1}{3}.$$

El área de la región bajo la gráfica de $y = \sin x$ entre 0 y π es

$$A = \int_0^\pi \sin x\, dx = [-\cos x]_0^\pi = -\cos \pi + \cos 0 = 1 + 1 = 2.$$

Dada la función definida por

$$f(x) = \begin{cases} x^2 & \text{si } 0 \le x \le 1, \\ x & \text{si } 1 < x \le 2, \end{cases}$$

calculemos $\int_0^2 f(x)\, dx$. Descomponemos la integral con objeto de integrar por tramos, utilizando en cada tramo la función correspondiente.

$$\int_0^2 f(x)\, dx = \int_0^1 f(x)\, dx + \int_1^2 f(x)\, dx = \left[\frac{x^3}{3}\right]_0^1 + \left[\frac{x^2}{2}\right]_1^2 = \frac{1}{3} + 2 - \frac{1}{2} = \frac{11}{6}.$$

Dada la función definida por

$$f(x) = \begin{cases} 1 & \text{si } 0 \le x \le 1, \\ -2 & \text{si } 1 < x \le 2 \\ x & \text{si } 2 < x \le 3, \end{cases}$$

73

calcular $F(x) = \int_0^x f(t)\, dt$. El valor de $F(x)$ dependerá del tramo en el que esté situada la x

$$x \in [0, 1] \Rightarrow F(x) = \int_0^x f(t)\, dt = \int_0^x 1\, dt = [t]_0^x = x,$$

$$x \in (1, 2] \Rightarrow F(x) = \int_0^x f(t)\, dt = \int_0^1 1\, dt + \int_1^x -2\, dt = [t]_0^1 + [-2t]_1^x$$
$$= 1 - 2x + 2 = -2x + 3,$$

$$x \in (2, 3] \Rightarrow F(x) = \int_0^x f(t)\, dt = \int_0^1 1\, dt + \int_1^2 -2\, dt + \int_2^x t\, dt = [t]_0^1 + [-2t]_1^2 + \left[\frac{t^2}{2}\right]_2^x$$
$$= 1 - 4 + 2 + \frac{x^2}{2} - \frac{4}{2} = \frac{x^2}{2} - 3.$$

de donde deducimos que la primitiva $F(x)$ es la función definida por

$$F(x) = \int_0^x f(t)\, dt = \begin{cases} x & \text{si } 0 \le x \le 1, \\ -2x + 3 & \text{si } 1 < x \le 2, \\ \dfrac{x^2}{2} - 3 & \text{si } 2 < x \le 3. \end{cases}$$

El cálculo de integrales indefinidas es particularmente sencillo cuando se trabaja con funciones reconocibles a simple vista como derivadas de otras funciones. Estas son las llamadas «integrales inmediatas». Algunos ejemplos son los siguientes:

$$\int 3x^2 dx = x^3 + C, \quad \int (-\operatorname{sen}(x)) dx = \cos(x) + C, \quad \int e^x dx = e^x + C, \quad \int \frac{1}{x} dx = \log(x) + C.$$

A continuación, presentamos una tabla con primitivas inmediatas que podemos tener presente a la hora de calcular primitivas de funciones más complicadas.

$$\int dx = x \qquad\qquad \int \sin x\, dx = -\cos x$$
$$\int x^n\, dx = \frac{x^{n+1}}{n+1} \qquad\qquad \int \cos x\, dx = \operatorname{sen} x$$
$$\int \frac{1}{x}\, dx = \log |x| \qquad\qquad \int \sec^2 x\, dx = \int \left(1 + \tan^2 x\right) dx = \tan x$$
$$\int e^x\, dx = e^x \qquad\qquad \int \operatorname{cosec}^2 x\, dx = \int \left(1 + \cot^2 x\right) dx = -\cot x$$
$$\int a^x\, dx = \frac{a^x}{\ln a} \qquad\qquad \int \sinh x\, dx = \cosh x$$
$$\int \frac{1}{1 + x^2}\, dx = \arctan x \qquad\qquad \int \cosh x\, dx = \sinh x$$
$$\int \frac{1}{a^2 + x^2}\, dx = \frac{1}{a} \arctan \frac{x}{a} \qquad \int \frac{1}{\cosh^2 x}\, dx = \tanh x$$
$$\int \frac{1}{\sqrt{1 - x^2}}\, dx = \arcsin x, \qquad \int \frac{1}{\sinh^2 x}\, dx = -\coth x$$
$$\int \frac{1}{\sqrt{a^2 - x^2}}\, dx = \arcsin \frac{x}{a}$$

Aunque no son inmediatas, conviene tener presente las siguientes integrales, ya que aparecen con mucha frecuencia.

$$\int \frac{1}{x^2}\, dx = \frac{-1}{x}, \quad \int \frac{1}{\sqrt{x}}\, dx = 2\sqrt{x}, \quad \int \tan x\, dx = -\log|\cos x|, \quad \int \frac{1}{x^2-1}\, dx = \frac{1}{2}\log\left|\frac{x-1}{x+1}\right|.$$

> **Proposición 5.5.** *La integral indefinida es lineal: dadas dos funciones f, g y dos constantes $\alpha, \beta \in \mathbb{R}$, se cumple*
> $$\int (\alpha f(x) + \beta g(x))dx = \alpha \int f(x)dx + \beta \int g(x)dx. \tag{5.3}$$

La propiedad de linealidad permite calcular integrales indefinidas de polinomios de manera sencilla. Por ejemplo:

$$\int (x^3 - 2x + 5)dx = \int x^3 dx - \int 2x\,dx + \int 5\,dx$$
$$= \frac{1}{4}\int 4x^3 dx - \int 2x\,dx + 5\int dx = \frac{1}{4}x^4 - x^2 + 5x + C, \quad C \in \mathbb{R}.$$

Los coeficientes de cada sumando se han elegido de manera que resulten integrales inmediatas. Obsérvese que basta con incluir una única constante de integración.

Terminamos el apartado calculando varias integrales indefinidas inmediatas.

Ejemplo 5.6. Calculemos la integral

$$I = \int \left(\sqrt{x} + \frac{1}{\sqrt{x}}\right)^2 dx.$$

Realizando el cuadrado tenemos

$$I = \int \left(x + 2 + \frac{1}{x}\right) dx = \frac{x^2}{2} + 2x + \log|x| + C, \quad C \in \mathbb{R}.$$

Ejemplo 5.7. Calculemos la integral

$$I = \int \frac{(1+x)^2}{x^3 + x}\, dx.$$

Operando tenemos

$$\int \frac{(1+x)^2}{x^3 + x}\, dx = \int \frac{x^2 + 2x + 1}{x(x^2+1)}\, dx = \int \frac{1}{x} + \frac{2}{x^2+1}\, dx = \log|x| + 2\arctan x + C, \quad C \in \mathbb{R}.$$

Ejemplo 5.8. Calculemos la integral

$$I = \int (\tan x + \cot x)^2\, dx.$$

Operando tenemos

$$
\begin{aligned}
I &= \int \left(\tan^2 x + 2\tan x \cot x + \cot^2 x\right) dx = \int \left(\tan^2 x + 2 + \cot^2 x\right) dx \\
&= \int \left(\tan^2 x + 1 + 1 + \cot^2 x\right) dx = \int \sec^2 x\, dx + \int \operatorname{cosec}^2 x\, dx \\
&= \tan x - \cot x + C, \quad C \in \mathbb{R}.
\end{aligned}
$$

Ejemplo 5.9. Calculemos la integral

$$
I = \int 2x\sqrt{x^2+1}\, dx.
$$

En este caso, tenemos que tener en cuenta la derivada de una función compuesta.

$$
\int 2x\sqrt{x^2+1}\, dx = \int \left(x^2+1\right)^{1/2} 2x\, dx = \frac{(x^2+1)^{3/2}}{3/2} + C, \quad C \in \mathbb{R}.
$$

5.1.1 Cambio de variable

En el cálculo de primitivas o de integrales definidas, puede resultar útil aplicar un cambio de variable. Un cambio de variable adecuado permite simplificar la función en el integrando y, en el caso de la integral definida, conlleva una transformación del dominio de integración. Al calcular la integral indefinida de una función en la variable x, realizar un cambio de variable consiste en elegir una nueva variable u, relacionada con la anterior mediante una función inyectiva y derivable $x = g(u)$.

Efectivamente, supongamos que $g : J \to I$ es una función cuya derivada es continua y, por otra parte, f es una función continua definida en I. Si F es una primitiva de f en I, al aplicar la regla de la cadena para derivar la función compuesta $H = F \circ g$, obtenemos

$$
H'(u) = F'(g(u))g'(u) = f(g(u))g'(u).
$$

La igualdad anterior implica que H es una primitiva de la función $h(u) = f(g(u))g'(u)$, $u \in J$. Si c, d son puntos de J, deducimos que

$$
\int_c^d f(g(u))g'(u)du = H(d) - H(c) = F(g(d)) - F(g(c)) = \int_{g(c)}^{g(d)} f(x)\, dx. \tag{5.4}
$$

La igualdad (5.4) se conoce con el nombre de «fórmula del cambio de variable» y tiene interés cuando el cálculo de las primitivas de $f(g(u))g'(u)$ es más sencillo. Este proceso puede representarse como sigue:

$$
\int_a^b f(x)\, dx = \left[\begin{array}{l} x = g(u),\ dx = g'(u)\, du \\ a = g(c),\ b = g(d) \end{array} \right] = \int_c^d f(g(u))g'(u)du.
$$

76

Para el caso de integrales indefinidas se escribe

$$\int f(x)\,dx = \left[\begin{array}{l} x = g(u), \\ dx = g'(u)\,du \end{array}\right] = \int f(g(u))g'(u)\,du. \tag{5.5}$$

Tras el cambio de variable, calcularemos

$$H(u) = \int f(g(u))g'(u)du,$$

y escribiremos $\int f(x)\,dx = H(u)$, donde $x = g(u)$. A continuación desharemos el cambio de variable para obtener una primitiva de la función f en la variable x. La condición que nos va a permitir garantizar poder deshacer el cambio es que la función g sea una biyección de J sobre I con derivada no nula. En tal caso, podremos obtener $u = g^{-1}(x)$ y garantizar que la función $F(x) = H(g^{-1}(x))$ es una primitiva de f en I.

A continuación, presentamos ejemplos ilustrativos sobre la aplicación de las fórmulas (5.4) y (5.5) para el cálculo de integrales definidas e indefinidas, respectivamente.

Ejemplo 5.10. Calculemos la integral $\int (3x^3 - 1)^5 x^2 dx$.

Esta integral puede resolverse mediante (5.5), considerando la función polinómica $3x^3 - 1$ como nueva variable, es decir,

$$u = 3x^3 - 1, \quad du = 9x^2 dx.$$

Notemos que el factor que precede a dx es la derivada $g'(u) = \dfrac{du}{dx}$ del cambio de variable. Sustituyendo en el enunciado, resulta una integral inmediata:

$$\int (3x^3 - 1)^5 x^2 dx = \frac{1}{9}\int u^5 du = \frac{1}{54}u^6 + C = \frac{1}{54}(3x^3 - 1)^6 + C,$$

donde en el último paso se ha deshecho el cambio de variable.

Ejemplo 5.11. Calculemos la integral $\int \dfrac{\cos\sqrt{2t+1}}{\sqrt{2t+1}}dt$.

Esta integral puede resolverse mediante el siguiente cambio de variable:

$$u = \sqrt{2t+1} \Rightarrow du = \frac{1}{\sqrt{2t+1}}dt.$$

Aplicando la fórmula (5.5), la integral a resolver es

$$\int \frac{\cos\sqrt{2t+1}}{\sqrt{2t+1}}dt = \int \cos(u)du = \operatorname{sen}(u) + C = \operatorname{sen}(\sqrt{2t+1}) + C.$$

Ejemplo 5.12. Con frecuencia se hacen cambios de variables para quitar radicales. La aplicación de la fórmula (5.4), nos permite calcular la siguiente integral definida.

$$\int_{2/\sqrt{3}}^{2} \frac{1}{x^2\sqrt{x^2+4}} \, dx = \left[\begin{array}{l} x = 2\tan t, \, dx = \dfrac{2}{\cos^2 t} \, dt \\[2mm] 2/\sqrt{3} = 2\tan(\pi/6), \, 2 = 2\tan(\pi/4) \end{array} \right] = \frac{1}{4} \int_{\pi/6}^{\pi/4} \frac{\cos t}{\sin^2 t} \, dt$$

$$= \frac{1}{4} \left[\frac{-1}{\sin t} \right]_{\pi/6}^{\pi/4} = \frac{2-\sqrt{2}}{4}.$$

5.1.2 Integración por partes

El método de integración por partes es especialmente útil para calcular integrales cuyo integrando se puede expresar como el producto de dos factores, y uno de ellos se sabe integrar.

Consideremos dos funciones f, g cuya derivada es continua en un intervalo. Aplicando la fórmula para la derivada del producto, obtenemos:

$$(f(x)g(x))' = f'(x)g(x) + f(x)g'(x),$$

y deducimos que la función fg es una primitiva de la función $f'g + fg'$. Aplicando la Regla de Barrow, tenemos:

$$\int_a^b (f'(x)g(x) + f(x)g'(x)) \, dx = [f(x)g(x)]_{x=a}^{x=b},$$

y, por la linealidad de la integral, despejando deducimos la siguiente igualdad:

$$\int_a^b f(x)g'(x) \, dx = [f(x)g(x)]_{x=a}^{x=b} - \int_a^b f'(x)g(x) \, dx, \tag{5.6}$$

que constituye la fórmula de integración por partes.

En la práctica, la notación se simplifica y la fórmula de la integración por partes se escribe de la siguiente manera:

$$\int u \, dv = uv - \int v \, du, \tag{5.7}$$

identificando los términos $u = f(x)$, $dv = g'(x)dx$ en la fórmula (5.6).

A continuación, presentamos ejemplos ilustrativos sobre la aplicación de la fórmula (5.7).

Ejemplo 5.13. *Calculemos la integral* $\int xe^{3x}dx$.

Para calcular esta integral, notemos que en el integrando aparece un factor e^{2x}, que es fácilmente integrable. Además, el factor x tiene una derivada especialmente sencilla. En consecuencia, conviene elegir los siguientes términos u y dv:

$$u = x, \quad dv = e^{3x}dx.$$

Observemos que el diferencial de la variable de integración, dx, debe incluirse siempre en el término correspondiente al dv.

Derivando u e integrando dv, se obtienen todos los elementos necesarios para aplicar el método de integración por partes:

$$u = x \Rightarrow du = dx, \quad dv = e^{3x}dx \quad \Rightarrow \quad v = \int e^{3x}dx = \frac{1}{3}e^{3x}.$$

La integral de este último paso puede resolverse con un cambio de variable si no se encuentra la solución a simple vista.

Puede ahora aplicarse la integración por partes y obtener el valor de la integral:

$$\int xe^{3x}dx = \frac{1}{3}xe^{3x} - \frac{1}{3}\int e^{3x}dx = \frac{1}{3}xe^{3x} - \frac{1}{9}e^{3x} + C.$$

Ejemplo 5.14. *Calculemos la integral* $\int \ln(x)dx$.

La función $\ln(x)$ no puede integrarse directamente; sin embargo, dado que puede derivarse, la integral puede calcularse mediante integración por partes:

$$u = \ln(x) \Rightarrow du = \frac{1}{x}dx$$
$$dv = dx \Rightarrow v = x$$

Este caso corresponde a escoger $g'(x) = 1$ en la fórmula (5.6). La integral es

$$\int \ln(x)dx = x\ln(x) - \int x\frac{1}{x}dx = x\ln(x) - \int dx = x\ln(x) - x + C.$$

5.1.3 Integración de funciones racionales

Una función racional es una función de la forma $\frac{P(x)}{Q(x)}$, con $P(x)$ y $Q(x)$ dos polinomios. Para calcular la integral de una función racional se procede de la siguiente manera:

1. Si el grado del numerador $P(x)$ es mayor o igual que el grado del denominador $Q(x)$, se calcula el cociente $C(x)$ de ambos polinomios. Se cumple que

$$P(x) = Q(x)C(x) + R(x), \tag{5.8}$$

con $R(x)$ el resto de la división, siendo siempre de grado inferior a $Q(x)$. De esta manera, la integral a calcular es

$$\int \frac{P(x)}{Q(x)}dx = \int C(x)dx + \int \frac{R(x)}{Q(x)}dx. \tag{5.9}$$

La integral de $C(x)$ es inmediata. Para el cálculo del segundo sumando, se aplica el método

79

detallado en el siguiente punto.

2. Si el grado del numerador $P(x)$ es menor que el del denominador $Q(x)$, la función polinómica debe expresarse como suma de fracciones simples. Se recuerda a continuación el método de descomposición en fracciones simples:

$$\frac{P(x)}{Q(x)} = \frac{A}{x - r_1} + \frac{B}{x - r_2} + \ldots + \frac{Cx + D}{x^2 + bx + c} + \ldots + \frac{E}{x - a} + \frac{F}{(x - a)^2} + \frac{G}{(x - a)^3} + \ldots \quad (5.10)$$

siendo los denominadores de las fracciones los factores de $Q(x)$, con exponentes desde 1 hasta su multiplicidad, y siendo $A, B, C, \ldots$ números reales a determinar.

Como resultado de la descomposición en fracciones simples, es posible descomponer la integral en una suma de integrales sencillas.

$$\int \frac{P(x)}{Q(x)} dx = \int \frac{A}{x - r_1} dx + \ldots + \int \frac{Cx + D}{x^2 + bx + c} dx + \ldots + \int \frac{F}{(x - a)^2} dx + \ldots \quad (5.11)$$

Cada integral se calcula por separado. Nótese que las integrales de numerador constante son inmediatas.

Ejemplo 5.15. Calculemos la integral $\int \dfrac{2x^2 + 6x - 6}{x^3 - x^2 - 6x} dx$.

El primer paso para el cálculo de esta integral racional es la factorización del denominador, que resulta en lo siguiente:

$$x^3 - x^2 - 6x = x(x + 2)(x - 3).$$

Todos los factores del denominador tienen multiplicidad 1 y son de grado 1. Por tanto, la descomposición del integrando en fracciones simples tiene la siguiente forma:

$$\frac{2x^2 + 6x - 6}{x^3 - x^2 - 6x} = \frac{A}{x} + \frac{B}{x + 2} + \frac{C}{x - 3} = \frac{A(x + 2)(x - 3) + Bx(x - 3) + Cx(x + 2)}{x^3 - x^2 - 6x}.$$

Para determinar los valores de las constantes A, B, C, se igualan los numeradores de ambas fracciones, ya que los denominadores son idénticos. Dado que ambos numeradores son polinomios, los valores de las constantes pueden determinarse igualando los coeficientes de los términos de igual grado.

$$2x^2 + 6x - 6 = A(x + 2)(x - 3) + Bx(x - 3) + Cx(x + 2)$$

$$= (A + B + C)x^2 + (-A - 3B + 2C)x - 6A \Rightarrow \begin{cases} 2 = A + B + C \\ 6 = -A - 3B + 2C \\ -6 = -6A \end{cases} \Rightarrow \begin{cases} A = 1 \\ B = -1 \\ C = 2 \end{cases}$$

Por tanto, la descomposición en fracciones simples del integrando es

$$\frac{2x^2 + 6x - 6}{x^3 - x^2 - 6x} = \frac{1}{x} - \frac{1}{x+2} + \frac{2}{x-3}.$$

Sustituyendo esta expansión y aplicando la propiedad de linealidad, puede calcularse la integral:

$$\int \frac{2x^2 + 6x - 6}{x^3 - x^2 - 6x}\,dx = \int \frac{1}{x}\,dx - \int \frac{1}{x+2}\,dx + \int \frac{2}{x-3}\,dx$$

$$= \ln x - \ln(x+2) + 2\ln(x-3) + K = \ln \frac{x(x-3)^2}{x+2} + K.$$

Se usa en este caso K como constante de integración para no confundirla con la constante C ya usada en este mismo problema.

Ejemplo 5.16. Calculemos la integral $\displaystyle\int \frac{3x^2 - 12x + 3}{x^3 - 3x^2 + 4}\,dx$.

La factorización del denominador de la fracción polinómica a integrar es

$$x^3 - 3x^2 + 4 = (x+1)(x-2)^2.$$

La correspondiente descomposición en fracciones simples involucrará fracciones cuyos denominadores son estos factores, con exponentes desde 1 hasta la multiplicidad de cada factor:

$$\frac{3x^2 - 12x + 3}{x^3 - 3x^2 + 4} = \frac{A}{x+1} + \frac{B}{x-2} + \frac{C}{(x-2)^2}.$$

El valor de las constantes se puede determinar sumando las fracciones simples planteadas e igualando los numeradores de ambos lados de la igualdad:

$$3x^2 - 12x + 3 = A(x-2)^2 + B(x+1)(x-2) + C(x+1)$$

$$\Rightarrow 3x^2 - 12x + 3 = (A + B)x^2 + (-4A - B + C)x + 4A - 2B + C.$$

Se obtiene una igualdad entre polinomios, lo que permite determinar las constantes igualando los coeficientes de los términos de igual grado:

$$\begin{cases} A + B = 3 \\ -4A - B + C = -12 \\ 4A - 2B + C = 3 \end{cases} \Rightarrow A = 2,\ B = 1,\ C = -3.$$

Por tanto, descomponiendo el integrando en fracciones simples, puede resolverse la integral planteada:

$$\int \frac{3x^2 - 12x + 3}{x^3 - 3x^2 + 4} dx = \int \frac{2}{x+1} dx + \int \frac{1}{x-2} dx - \int \frac{3}{(x-2)^2} dx$$
$$= 2\ln(x+1) + \ln(x-2) + \frac{3}{x-2} + K = \ln((x+1)^2(x-2)) + \frac{3}{x-2} + K.$$

5.1.4 Integración de funciones trigonométricas

El cálculo de integrales que involucren funciones trigonométricas puede simplificarse en muchas situaciones mediante el siguiente cambio de variable:

$$t = \tan\left(\frac{x}{2}\right) \Rightarrow \operatorname{sen} x = \frac{2t}{1+t^2}, \ \cos x = \frac{1-t^2}{1+t^2}, \ dx = \frac{2}{1+t^2} dt. \tag{5.12}$$

Hay situaciones en las que pueden simplificarse los cálculos realizando otros cambios de variable, basados en las relaciones que existen entre las funciones trigonométricas y sus derivadas:

- Si se integra una función impar en $\operatorname{sen} x$, se aplica el cambio $t = \cos x$.

- Si se integra una función impar en $\cos x$, se aplica el cambio $t = \operatorname{sen} x$.

- Si se integra una función par tanto en $\operatorname{sen} x$ como en $\cos x$, se aplica el cambio $t = \tan x$, lo que resulta en

$$\operatorname{sen} x = \frac{t}{\sqrt{1+t^2}}, \ \cos x = \frac{1}{\sqrt{1+t^2}}, \ dx = \frac{1}{1+t^2} dt.$$

Ejemplo 5.17. Calculemos la integral $\int \cos^3(x) dx$.

Se trata de la integral de una función impar en $\cos(x)$. Por tanto, se va a utilizar el cambio de variable recomendado:

$$t = \operatorname{sen} x \Rightarrow dt = \cos x \, dx, \cos x = \sqrt{1 - \operatorname{sen}^2 x} = \sqrt{1 - t^2}.$$

Nótese que, para poder realizar el cambio propuesto, en general hay que expresar las funciones trigonométricas que aparezcan en el integrando en función de la nueva variable. Con este cambio de variable, y separando un factor $\cos(x)$ para identificar de manera inmediata el diferencial dt, el valor de la integral puede calcularse como sigue:

$$\int \cos^3(x) dx = \int \cos^2(x) \cos(x) \, dx = \int \left(\sqrt{1-t^2}\right)^2 dt = \int (1-t^2) dt$$
$$= t - \frac{1}{3}t^3 + C = \operatorname{sen}(x) - \frac{1}{3}\operatorname{sen}^3(x) + C.$$

Ejemplo 5.18. Calculemos la integral $\int \dfrac{\cos^2(x)}{1+\text{sen}^2(x)}\,dx$.

La función a integrar es par tanto en el seno como en el coseno. Se utiliza el cambio de variable recomendado:

$$t = \tan x \Rightarrow \text{sen}\, x = \frac{t}{\sqrt{1+t^2}}, \quad \cos x = \frac{1}{\sqrt{1+t^2}}, \quad dx = \frac{1}{1+t^2}\,dt.$$

Este cambio de variable permite mediante sustitución transformar la integral a calcular de la siguiente manera:

$$\int \frac{\cos^2(x)}{1+\text{sen}^2(x)}\,dx = \int \frac{\left(1/\sqrt{1+t^2}\right)^2}{1+\left(t/\sqrt{1+t^2}\right)^2}\frac{1}{1+t^2}\,dt = \int \frac{1}{1+t^2/(1+t^2)}\frac{1}{(1+t^2)^2}\,dt$$

$$= \int \frac{1+t^2}{1+2t^2}\frac{1}{(1+t^2)^2}\,dt = \int \frac{1}{(1+2t^2)(1+t^2)}\,dt.$$

La integral resultante puede resolverse mediante descomposición en fracciones simples.

5.1.5 Integración de funciones irracionales

El cálculo de integrales de funciones irracionales puede llevarse a cabo mediante cambios de variable adaptados a cada tipo de problema. A continuación se describen los casos más sencillos que pueden calcularse analíticamente.

La integración de funciones con raíces simples, es decir, de integrandos que incluyan términos de la forma $\sqrt[b]{x^a}$, puede realizarse el cambio $x = t^N$, donde N es un número entero apropiado para simplificar las raíces presentes tal que simplifique todas las raíces presentes (en general, N será el mínimo común múltiplo de los índices de las raíces).

Por otro lado, si en el integrando aparecen raíces cuadradas de polinomios de grado 2, las expresiones pueden utilizarse haciendo uso de cambios de variables que involucren funciones trigonométricas, así como de la relación $\text{sen}^2 t + \cos^2 t = 1$:

a) Para integrar funciones con términos de la forma $\sqrt{a^2 - x^2}$, se pueden utilizar los cambios $x = a\,\text{sen}\, t$ o bien $x = a\cos t$.

b) Para integrar funciones con términos de la forma $\sqrt{a^2 + x^2}$, se utiliza el cambio $x = a\tan t$.

c) Para integrar funciones con términos de la forma $\sqrt{x^2 - a^2}$, se utiliza el cambio $x = \dfrac{a}{\cos t}$.

d) Las integrales que involucren raíces cuadradas de polinomios de grado 2 más complejos que los indicados pueden resolverse completando cuadrados en dichos polinomios, lo que permitirá reescribirlos de una de las maneras anteriormente indicadas.

Ejemplo 5.19. Calculemos la integral $\int \sqrt{1 + 4x - x^2}dx$.

El integrando consta de la raíz cuadrada de un polinomio de grado 2. Completando cuadrados, este polinomio puede reescribirse de la siguiente manera:

$$1 + 4x - x^2 = 5 - 4 + 4x - x^2 = 5 - (x - 2)^2.$$

El integrando es por tanto del tipo $\sqrt{a^2 - t^2}$, con $a = \sqrt{5}$ y con $t = x - 2$. En consecuencia, se utiliza el siguiente cambio de variable:

$$x - 2 = \sqrt{5} \cos t \Rightarrow dx = -\sqrt{5} \operatorname{sen} t \, dt.$$

Este cambio de variable permite calcular la integral planteada como sigue:

$$\int \sqrt{1 + 4x - x^2}dx = \int \sqrt{5 - (x - 2)^2}dx = \int \sqrt{5 - (\sqrt{5}\cos t)^2}(-\sqrt{5}\operatorname{sen} t)dt$$

$$= -5 \int \sqrt{1 - \cos^2 t} \operatorname{sen} t \, dt = -5 \int \operatorname{sen}^2 t \, dt = -5 \int \frac{1 - \cos(2t)}{2} dt$$

$$= -\frac{5}{2}t + \frac{5}{4}\operatorname{sen}(2t) + C = -\frac{5}{2}\arccos\frac{x - 2}{\sqrt{5}} + \frac{2}{5}(x - 2)\sqrt{1 + 4x - x^2} + C.$$

5.2 Integrales de funciones de dos variables. Integrales iteradas

Como se ha visto en temas anteriores, dada una función de varias variables, es posible calcular sus derivadas parciales respecto a cada una de ellas. En este proceso, se consideran constantes las demás variables. Por ejemplo, dado el campo escalar $f(x, y) = x^2 y$, puede calcularse su derivada parcial respecto de x derivando la expresión del campo con la variable y constante:

$$\frac{\partial f}{\partial x}(x, y) = 2xy.$$

Este cálculo puede invertirse integrando esta función respecto a la correspondiente variable. Al igual que al derivar, si una función de varias variables se integra respecto a una de ellas, se asumirá que el resto de variables son constantes. Así, el resultado de integrar la derivada parcial calculada es el siguiente:

$$\int \frac{\partial f}{\partial x}dx = \int 2xy\, dx = x^2 y + g(y).$$

Al igual que ocurre con funciones de una variable, el resultado de la integración no es una única función, sino una familia de ellas. En este caso, sin embargo, no se suma simplemente una constante de integración, sino una función $g(y)$ dependiente de las variables que no se han integrado (en este caso, la variable y). Sustituyendo $g(y)$ por cualquier función dependiente de esta variable y, se obtienen funciones cuya derivada parcial respecto de x es la función integrada.

Al igual que en el caso de integrales definidas de funciones de una variable, es posible considerar también integrales definidas de funciones de varias variables. El proceso es análogo al descrito, y consiste en realizar los cálculos respecto a la variable de integración, asumiendo que el resto de variables son constantes. Por ejemplo, dada la función $2xy$, su integral respecto de x en el intervalo $[1, 2]$ se calcula aplicando la regla de Barrow y asumiendo que la variable y es constante.

$$\int_1^2 2xy \, dx = \left[x^2 y \right]_{x=1}^{x=2} = 4y - y = 3y.$$

Obsérvese que este resultado es una función de la variable y, pero no aparece la variable de integración x. Esta propiedad se cumple para cualquier campo escalar de dos variables.

> **Proposición 5.20.** *Sea un campo escalar $f(x, y)$ de dos variables. Asumiendo las propiedades de integración apropiadas, su integral definida respecto de x (resp. de y) a un intervalo $[a, b]$ (resp. $[c, d]$) es una función $I_x(y)$ (resp. $I_y(x)$) dependiente únicamente de la variable y (resp. x), que se calcula aplicando la regla de Barrow a la variable integrada:*
>
> $$\int_a^b f(x, y) dx = F(b, y) - F(a, y) = I_x(y), \quad donde \quad \frac{\partial F}{\partial x}(x, y) = f(x, y),$$
> $$\int_c^d f(x, y) dy = G(x, d) - G(x, c) = I_y(x), \quad donde \quad \frac{\partial G}{\partial y}(x, y) = f(x, y).$$

Dado que el resultado de integrar una función de dos variables respecto de una de ellas es una función en la otra variable, éste puede a su vez integrarse. Por ejemplo, dada la función $2xy$, esta puede integrarse respecto a x en el intervalo $[1, 2]$, y la función resultante integrarse a su vez respecto a la variable y en el intervalo $[0, 1]$:

$$\int_0^1 \left(\int_1^2 2xy \, dx \right) dy = \int_0^1 \left[x^2 y \right]_{x=1}^{x=2} dy = \int_0^1 3y \, dy = \left[\frac{3}{2} y^2 \right]_0^1 = \frac{3}{2}.$$

Este cálculo se conoce como «integral iterada». Es el tipo más sencillo de integral doble, y consiste en la integración de manera sucesiva en intervalos cerrados de cada una de las variables. Diremos que una función de dos variables $f(x, y)$ es «integrable» en un intervalo $[a, b] \times [c, d] \subset \mathbb{R}^2$ si su integral iterada para $x \in [a, b]$, $y \in [c, d]$ existe.

> **Teorema 5.21** (Fubini). *Si la función $f : C \subseteq \mathbb{R}^2 \to \mathbb{R}$ es integrable en $I = [a, b] \times [c, d] \subset C$, el orden de integración en las integrales iteradas no cambia el resultado. Es por ello que se denomina simplemente «integral doble de f sobre el conjunto I» al siguiente resultado:*
>
> $$\iint_I f(x, y) dx dy = \int_a^b \left(\int_c^d f(x, y) dy \right) dx = \int_c^d \left(\int_a^b f(x, y) dx \right) dy.$$

Los paréntesis en las expresiones de las integrales dobles se pueden omitir, conservando no obstante el orden de los diferenciales para relacionarlos adecuadamente con sus intervalos de integración:

$$\iint_I f(x, y) dx dy = \int_a^b \int_c^d f(x, y) dy dx = \int_c^d \int_a^b f(x, y) dx dy, \quad I = [a, b] \times [c, d] \subset dom f. \quad (5.13)$$

85

Ejemplo 5.22. Calculemos la integral doble I del campo $f(x,y) = 2x + y^2$ sobre el conjunto $Q = [0,1] \times [0,2]$. La función f es continua en Q y, por lo tanto, es una función integrable. Aplicando el Teorema de Fubini, podemos escribir:

$$I = \int_{x=0}^{1} \left(\int_{y=0}^{2} (2x + y^2)\, dy \right) dx = \int_{x=0}^{1} \left[2xy + \frac{y^3}{3} \right]_{y=0}^{y=2} dx$$
$$= \int_{x=0}^{1} \left(4x + \frac{8}{3} \right) dx = \left[2x^2 + \frac{8}{3}x \right]_{x=0}^{x=1} = \frac{14}{3}.$$

De igual forma, podemos intercambiar el orden de integración respecto de las dos variables obteniendo el mismo valor para la integral:

$$I = \int_{y=0}^{2} \left(\int_{x=0}^{1} (2x + y^2)\, dx \right) dy = \int_{y=0}^{2} \left[x^2 + xy^2 \right]_{x=0}^{x=1} dy = \int_{y=0}^{2} (1 + y^2)\, dy$$
$$= \left[y + \frac{y^3}{3} \right]_{y=2}^{y=1} = \frac{14}{3}.$$

5.2.1 Integral en regiones no rectangulares del plano

Las integrales iteradas son un tipo particular de integral doble que se calculan cuando las variables toman valores en un rectángulo en $\mathbb{R}^2$. En general, el conjunto de valores a los que se integra, llamado «región de integración», puede tomar cualquier forma. Es fundamental conocer cómo describir las regiones de integración para poder calcular las integrales dobles correspondientes.

En lo que sigue será conveniente utilizar los dos tipos de regiones $\mathbb{R}^2$ que se definen a continuación.

Definición 5.23. Se llama «región de tipo I» a cualquier conjunto en el que los valores de x están acotados por constantes, mientras que los valores de y están acotados por funciones de x:

$$R_I = \left\{ (x,y) \in \mathbb{R}^2 \mid a \leq x \leq b,\ g_1(x) \leq y \leq g_2(x) \right\}. \tag{5.14}$$

Se llama «región de tipo II» a cualquier conjunto en el que los valores de x están acotados por funciones de y, mientras que los valores de y están acotados por constantes:

$$R_{II} = \left\{ (x,y) \in \mathbb{R}^2 \mid h_1(y) \leq x \leq h_2(y),\ c \leq x \leq d \right\}. \tag{5.15}$$

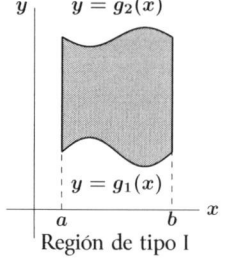

Región de tipo I

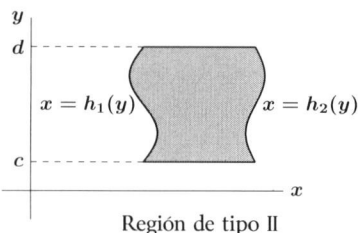

Región de tipo II

En la figura se ha representado una región de tipo I, así como una región de tipo II. Claramente, se observa que una región de tipo I se puede considerar como la unión de secciones o segmentos verticales S_x, cuya longitud es $\ell_x = g_2(x) - g_1(x)$ para todo x en el intervalo $[a, b]$. Igualmente, una región de tipo II se puede considerar como la unión de secciones o segmentos horizontales S_y, cuya longitud es $\ell_y = h_2(y) - h_1(y)$ para todo y en el intervalo $[c, d]$.

Las integrales dobles en regiones de tipo I o de tipo II se obtienen integrando cada una de las variables en el orden adecuado. Si se integra una función $f(x, y)$ en una región R_I de tipo I como la descrita, se integrará en primer lugar la variable y, lo que resultará en una función únicamente de x que se integrará en el intervalo correspondiente:

$$\iint_{R_I} f(x, y)dxdy = \int_a^b \left(\int_{g_1(x)}^{g_2(x)} f(x, y)dy \right) dx. \tag{5.16}$$

De manera análoga, en una región R_{II} de tipo II se integrará en primer lugar la variable x, y el resultado, al ser una función únicamente de y, se integrará como se indica:

$$\iint_{R_{II}} f(x, y)dxdy = \int_c^d \left(\int_{h_1(y)}^{h_2(y)} f(x, y)dx \right) dy. \tag{5.17}$$

Cabe destacar que existen regiones que son simultáneamente de tipo I y de tipo II. El caso más sencillo es el de los rectángulos $I = [a, b] \times [c, d] \subset \mathbb{R}^2$ para los que la integral doble correspondiente se puede calcular mediante integrales iteradas. Claramente, estos conjuntos cumplen las condiciones de ambos tipos de regiones, considerando $g_1(x) = c$, $g_2(x) = d$, o bien $h_1(y) = a$, $h_2(y) = b$, para regiones de tipo I o de tipo II, respectivamente. Muchos otros conjuntos de $\mathbb{R}^2$ también pueden describirse como regiones de cualquiera de los dos tipos.

Por otro lado, los conjuntos de $\mathbb{R}^2$ más generales no son de tipo I ni de tipo II. Sin embargo, siempre es posible descomponer un conjunto general en conjuntos de tipos I y II, lo que permite calcular las correspondientes integrales dobles. Por ejemplo, si un conjunto R es unión de dos conjuntos disjuntos R_I, R_{II}, de tipos I y II respectivamente, es decir, $R = R_I \cup R_{II}$ y $R_I \cap R_{II} = \emptyset$, entonces la integral doble a R de una función $f(x, y)$ es

$$\iint_R f(x, y)dxdy = \iint_{R_I} f(x, y)dxdy + \iint_{R_{II}} f(x, y)dxdy. \tag{5.18}$$

Ejemplo 5.24. Calculemos
$$I = \int \int_{\mathcal{D}} (x + 2y) \, d(x, y)$$
donde $\mathcal{D}$ es la región acotada por la parábolas $y = 2x^2$ e $y = 1 + x^2$. La región de integración es dominio de tipo I. Igualando $2x^2 = 1 + x^2$ obtenemos $x = -1$, $x = 1$ y entonces

$$\mathcal{D} = \left\{ (x, y) \in \mathbb{R}^2 \mid -1 \le x \le 1; \quad 2x^2 \le y \le 1 + x^2 \right\}$$

Luego:

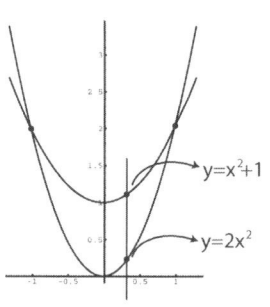

$$I = \int_{x=-1}^{1} \left(\int_{y=2x^2}^{y=1+x^2} (x+2y)dy \right) dx$$

$$= \int_{x=-1}^{1} \left([xy+y^2]_{y=2x^2}^{y=1+x^2} \right) dx$$

$$= \int_{x=-1}^{1} \left(x(1+x^2) + (1+x^2)^2 - x(2x^2) - (2x^2)^2 \right) dx$$

$$= \int_{x=-1}^{1} \left(-3x^4 - x^3 + 2x^2 + x + 1 \right) dx$$

$$= \left[-3\frac{x^5}{5} - \frac{x^4}{4} + 2\frac{x^3}{3} + \frac{x^2}{2} + x \right]_{x=-1}^{1} = \frac{32}{15}.$$

Ejemplo 5.25. Calculemos

$$I = \int \int_{\mathcal{D}} xyd(x,y)$$

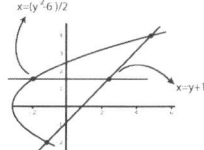

donde $\mathcal{D}$ es la región acotada por $y = x - 1$ e $y^2 = 2x + 6$. La región de integración es dominio de tipo II y puede describirse así:

$$\mathcal{D} = \left\{ (x,y) \in \mathbb{R}^2 \mid -2 \le y \le 4; \quad (y^2-6)/2 \le x \le y+1 \right\}.$$

Por lo tanto,

$$I = \int_{y=-2}^{y=4} \left(\int_{x=(y^2-6)/2}^{x=y+1} xydx \right) dy = \int_{y=-2}^{y=4} \left[y\frac{x^2}{2} \right]_{x=(y^2-6)/2}^{x=y+1} dy$$

$$= \int_{y=-2}^{y=4} \frac{1}{8} \left(y^5 + 16y^3 + 8y^2 + 32y \right) dy = \frac{1}{8} \left[\frac{y^6}{6} + 4y^4 + 8\frac{y^3}{3} + 16y^2 \right]_{y=-2}^{y=4} = 36.$$

Es importante destacar que el cambio de una región de tipo I a una de tipo II, y viceversa, no siempre es posible. La inversión del orden de integración solo podrá realizarse en casos específicos, como el del ejemplo, y siempre modificando los límites de integración de acuerdo a la región de integración involucrada.

5.2.2 Cambios de coordenadas en el plano

Otra técnica importante para la resolución de integrales dobles es el uso de cambios de coordenadas. Como ya hemos visto, un cambio de coordenadas en un subconjunto C del espacio euclídeo $\mathbb{R}^2$ queda definido por una función $\phi : C \subseteq \mathbb{R}^2 \to \mathbb{R}^2$ que sea diferenciable, inyectiva y cuyo jacobiano no se anule. Esta función ϕ permite escribir las coordenadas x, y en función de las nuevas coordenadas u, v:

$$\phi(u,v) = (x(u,v), y(u,v)).$$

Proposición 5.26. *Dado un campo escalar $f : C \subseteq \mathbb{R}^2 \to \mathbb{R}$ y un cambio de coordenadas ϕ, se cumple*

$$\iint_C f(x,y)dxdy = \iint_{\widehat{C}} f(x(u,v), y(u,v)) \, |\det J\phi(u,v)|dudv, \qquad (5.19)$$

siendo $\widehat{C}$ el conjunto de valores (u,v) tal que $\phi(\widehat{C}) = C$, y $|\det J\phi|$ el valor absoluto del jacobiano $\det J\phi$ del cambio de coordenadas (el determinante de su matriz jacobiana).

Notemos que para poder resolver integrales dobles mediante cambios de variables es necesario calcular el jacobiano del cambio de variable utilizado. Por otra parte, la región de integración se modifica en cada caso según los valores involucrados, de manera que los valores de (x,y) en el recinto C se correspondan con los valores de (u,v) en el conjunto $\widehat{C}$.

Un cambio de coordenadas ϕ es, por definición, invertible. La relación entre el jacobiano de ϕ y el de su función inversa ϕ^{-1} es

$$\det J\phi(u,v) = \frac{1}{\det J\phi^{-1}(x(u,v), y(u,v))}.$$

Un caso particular y de gran interés es el cambio a coordenadas polares (r, θ):

$$(x,y) = \phi(r,\theta) = (r\cos\theta, r\operatorname{sen}\theta).$$

El jacobiano de este cambio de coordenadas es

$$\det J\phi(r,\theta) = \det \begin{pmatrix} \dfrac{\partial x}{\partial r} & \dfrac{\partial x}{\partial \theta} \\ \dfrac{\partial y}{\partial r} & \dfrac{\partial y}{\partial \theta} \end{pmatrix} = \det \begin{pmatrix} \cos\theta & -r\operatorname{sen}\theta \\ \operatorname{sen}\theta & r\cos\theta \end{pmatrix} = r.$$

Por tanto, dado un campo escalar $f : C \subseteq \mathbb{R}^2 \to \mathbb{R}$, su integral mediante el cambio de coordenadas a polares se calcula mediante la siguiente relación:

$$\iint_C f(x,y)dxdy = \iint_{\widehat{C}} f(r\cos\theta, r\operatorname{sen}\theta) \, rdrd\theta, \quad \phi(\widehat{C}) = C.$$

En cada caso particular, ya se aplique el cambio a coordenadas polares o cualquier otro caso, será necesario analizar cómo se modifica la región de integración según los valores involucrados y el cambio de variables realizado.

Ejemplo 5.27. Calculemos la integral doble

$$I = \int\!\!\int_R (3x + 4y^2)d(x,y),$$

donde R es la región circular que se encuentra en el semiplano superior y está limitada por las circunferencias $x^2 + y^2 = 1$ y $x^2 + y^2 = 4$.

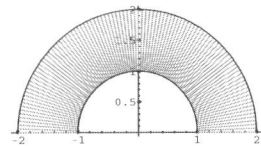

Utilizando coordenadas polares, la región R se describe como:

$$R = \{(r, \theta) \mid 1 \leq r \leq 2, \quad 0 \leq \theta \leq \pi\}.$$

Por tanto, mediante el cambio a coordenadas polares, la integral se calcula así:

$$
\begin{aligned}
I &= \int_{\theta=0}^{\theta=\pi} \int_{r=1}^{r=2} (3r\cos\theta + 4(r\sin\theta)^2)r\,drd\theta \\
&= \int_{\theta=0}^{\theta=\pi} \left[r^3\cos\theta + r^4\sin^2\theta\right]_{r=1}^{r=2} d\theta = \int_{\theta=0}^{\theta=\pi} 7\cos\theta + \frac{15}{2}(1-\cos(2\theta))\,d\theta \\
&= \left[7\sin\theta + \frac{15\theta}{2} - \frac{15}{4}\sin(2\theta)\right]_{\theta=0}^{\theta=\pi} = \frac{15\pi}{2}.
\end{aligned}
$$

5.2.3 Funciones con más de dos variables. Integrales triples

El concepto de integrales múltiples planteado se generaliza de manera inmediata a campos escalares con cualquier número de variables. Dada una función $f : I \subseteq \mathbb{R}^n \to \mathbb{R}$, puede plantearse su integral a un recinto $R \subset I$:

$$\iint \cdots \int_R f(x_1, x_2, \ldots, x_n)dx_1 dx_2 \cdots dx_n.$$

Las técnicas de cálculo de estas integrales son análogas a las planteadas para funciones de dos variables. Esto incluye el uso de recintos de integración adecuados para el planteamiento de la integral múltiple como integrales iteradas en cada una de las variables de la función, así como el uso de cambios de variables y el cálculo de los jacobianos correspondientes.

Resultan particularmente interesantes las integrales múltiples de campos escalares en $\mathbb{R}^3$, denominadas «integrales triples». Este tipo de integrales aparecen de manera habitual en física e ingeniería, y su cálculo resulta fundamental para la resolución de numerosos problemas.

Uno de las principales propiedades en el cálculo de integrales de líneas en $\mathbb{R}^2$ es el teorema de Green, que relaciona el cálculo de integrales de línea con el de integrales dobles. El teorema de Green se aplica a curvas simples (esto es, que no se cortan a sí mismas) y a superficies simplemente conexas (delimitadas por una curva cerrada simple).

Ejemplo 5.28. Calculemos la integral de la función $f(x, y, z) = xyz$ sobre la región de integración $R = [-1, 1] \times [0, 2] \times [1, 2]$

$$
\begin{aligned}
\int\int\int_R xyz\,d(x,y,z) &= \int_{x=-1}^{x=1} \left(\int_{y=0}^{y=2} \left(\int_{z=1}^{z=2} xyz\,dz\right) dy\right) dx \\
&= \int_{x=-1}^{x=1} \left(\int_{y=0}^{y=2} xy \left[\frac{z^2}{2}\right]_{z=1}^{z=2} dy\right) dx = \int_{x=-1}^{x=1} \left(\int_{y=0}^{y=2} \frac{3}{2}xy\,dy\right) dx \\
&= \int_{x=-1}^{x=1} \frac{3}{2}x \left[\frac{y^2}{2}\right]_{y=0}^{y=2} dx = \int_{x=-1}^{x=1} 3x\,dx = \left[3\frac{x^2}{2}\right]_{x=-1}^{x=1} = 0.
\end{aligned}
$$

5.3 Integrales de línea

El concepto de integral de línea permite analizar el comportamiento de un campo en los puntos de una curva en su dominio. Para representar matemáticamente las curvas utilizaremos parametrizaciones.

Definición 5.29. Una parametrización o representación paramétrica en $\mathbb{R}^n$ una aplicación

$$\vec{r} : I \longrightarrow \mathbb{R}^n,$$

donde $I \subseteq \mathbb{R}$ es un intervalo. El conjunto de los puntos definidos en $\mathbb{R}^n$ por los elementos de la Imagen de la parametrización $\vec{r}$ se llama línea parametrizada por $\vec{r}$. Si la parametrización $\vec{r}$ es continua, la línea parametrizada es una curva.

Si el dominio de la parametrización es $I = [a, b]$, los extremos de la curva son los puntos $A := \vec{r}(a)$ y $B := \vec{r}(b)$. Si $A = B$, la curva es cerrada, en caso contrario, se dice que la curva es abierta.

En nuestro contexto, consideraremos $n = 2$ o $n = 3$ para la representación y manejo de curvas en $\mathbb{R}^2$ ó $\mathbb{R}^3$, respectivamente.

Definición 5.30. Dada una curva C parametrizada por $\vec{r} : I \to \mathbb{R}^n$, se dice que un punto $P = \vec{r}(t_0) \in C$ es regular si el vector $\vec{r}'(t_0)$ está definido y, además, $\vec{r}'(t_0) \neq 0$. En otro caso, se dice que el punto es singular.

Una curva C es regular si todos sus puntos son regulare y, por lo tanto, admite un vector tangente no nulo en todo punto. Una curva en $\mathbb{R}^n$ con extremos A y B se dice «suave a trozos» si se puede parametrizar con una función $\vec{r}(t)$ que sea derivable a trozos.

A continuación, ilustramos los conceptos anteriores con varios ejemplos.

Ejemplo 5.31. Obtengamos la parametrización de la recta r que pasa por los puntos $P_1 (1, 2, -1)$ y $P_2 (3, 5, -2)$.

Recordemos que, en general, la ecuación de la recta que pasa por dos puntos $P(x_1, y_1, z_1)$ y $P_2(x_2, y_2, z_2)$ en $\mathbb{R}^3$ viene dada por las siguientes ecuaciones:

$$\frac{x - x_1}{x_2 - x_1} = \frac{y - y_1}{y_2 - y_1} = \frac{z - z_1}{z_2 - z_1}.$$

Así pues, la ecuación de la recta r considerada es

$$\frac{x - 1}{3 - 1} = \frac{y - 2}{5 - 2} = \frac{z + 1}{-2 + 1}.$$

Igualando cada uno de los términos de la igualdad a un parámetro t, se obtienen las ecuaciones

91

paramétricas de la recta

$$x = 2t + 1, \quad y = 3t + 2, \quad z = -t - 1.$$

Si el parámetro t toma todos los valores reales, las ecuaciones anteriores representan el conjunto de todos los puntos de la recta r. Si $t \in I = [a, b]$, las ecuaciones representan el segmento de extremos P y Q con $P = (2a + 1, 3a + 2, -a - 1)$ y $Q = (2b + 1, 3b + 2, -b - 1)$.

El vector tangente a la curva tiene por coordenadas $(2, 3, -1)$, por lo tanto, la recta puede considerarse como una curva regular cuyo vector tangente en cada punto es el mismo.

Ejemplo 5.32. Consideremos ahora la circunferencia de radio $R = 3$ centrada en el origen de coordenadas y situada en el plano $z = 0$. Esta curva viene determinada por la ecuación

$$x^2 + y^2 = 9, \quad z = 0.$$

A continuación, detallamos varias parametrizaciones de la circunferencia:

a)

$$\vec{\alpha} : \quad [0, 2\pi) \quad \longrightarrow \quad \mathbb{R}^3$$
$$t \quad \longmapsto \quad (3\cos t, 3\sin t, 0)$$

El intervalo debe tomarse abierto por la derecha para evitar la aparición de un punto doble. El vector tangente es $\vec{\alpha}'(t) = (-3\sin t, 3\cos t, 0)$, para cada $t \in [0, 2\pi)$.

b)

$$\vec{\beta} : \quad [0, \pi/2) \quad \longrightarrow \quad \mathbb{R}^3$$
$$t \quad \longmapsto \quad (3\sin(2t), 3\cos(2t), 0)$$

Notemos que, con esta parametrización, la circunferencia se recorre más rápido y se requiere de un intervalo con una longitud menor para representar todos sus puntos. En este caso, el vector tangente es $\vec{\beta}'(t) = (6\cos(2t), -6\sin(2t), 0)$.

c)

$$\vec{\gamma} : \quad [-3, 3] \quad \longrightarrow \quad \mathbb{R}^3$$
$$t \quad \longmapsto \quad (t, \sqrt{9 - t^2}, 0)$$

Observemos que, en este caso, la aplicación $\vec{\gamma}$ no es una parametrización de la circunferencia porque no permite la representación de los puntos de ordenada negativa. $\vec{\gamma}$ parametriza la semicircunferencia situada en el semiplano superior.

Definición 5.33. Sea $f : I \subseteq \mathbb{R}^n \to \mathbb{R}$ un campo escalar y C una curva suave a trozos en I con extremos A y B. Sean $P_0 = A$, P_1, P_2..., $P_n = B$ una serie de puntos en C que dividen la curva en n fragmentos de igual longitud Δs, y sea x_i un punto cualquiera en el intervalo i-ésimo entre P_{i-1} y P_i, con $i = 1, 2, \ldots, n$. Se llama «integral de línea» de f sobre C al siguiente límite (si existe):

$$\int_C f(\vec{x})ds = \lim_{\Delta s \to 0} \sum_{i=1}^n f(\vec{x}_i)\Delta s. \tag{5.20}$$

Si C es una curva cerrada, se utiliza la notación $\oint_C f(\vec{x})ds$.

Dada una parametrización $\vec{r}(t)$ de una curva suave C, con $t \in [a,b]$, la integral de línea de un campo escalar f puede calcularse mediante la siguiente fórmula:

$$\int_C f(\vec{x})ds = \int_a^b f(\vec{r}(t))\,\|\vec{r}\,'(t)\|dt. \tag{5.21}$$

En caso de que C sea suave a trozos, el cálculo se hará por separado para cada trozo de manera que $\vec{r}\,'(t)$ esté siempre definido.

Ejemplo 5.34. Calculemos la integral $\int_C f(x,y)ds$, donde $f(x,y) = x - y$ y C es el arco de circunferencia desde el punto $P = (2,0)$ hasta el punto $Q = (-\sqrt{2}, \sqrt{2})$.

Observemos que el campo escalar f tiene dos variables. Así pues, para parametrizar la curva C en $\mathbb{R}^2$, podemos considerar la siguiente aplicación:

$$\begin{aligned} \vec{\alpha}:\quad [0,3\pi/4] &\longrightarrow \mathbb{R}^2 \\ t &\longmapsto (2\cos t, 2\sin t) \end{aligned}$$

con $\vec{\alpha}(0) = (2,0)$, $\vec{\alpha}(3\pi/4) = (2\cos 3\pi/4, 2\sin 3\pi/4) = (\sqrt{2}, \sqrt{2})$, y para la que

$$\vec{\alpha}\,'(t) = (-2\sin t, 2\cos t) \quad \longrightarrow \quad \|\vec{\alpha}\,'(t)\| = 2\sqrt{\sin^2 t + \cos^2 t} = 2, \quad t \in [0, 3\pi/4].$$

Al aplicar la fórmula (5.21), obtendremos

$$\begin{aligned} \int_C f(x,y)ds &= \int_0^{3\pi/4} 2(\cos t - \sin t)\,dt \\ &= 2\left[\sin t + \cos t\right]_0^{3\pi/4} = 2(\sin 3\pi/4 + \cos 3\pi/4 - \sin 0 - \cos 0) = -2. \end{aligned}$$

En el caso de campos vectoriales $\vec{f}: I \subseteq \mathbb{R}^n \to \mathbb{R}^n$ se busca la integral de su proyección sobre la curva. Dada una curva suave C con parametrización $\vec{r}(t)$, con $t \in [a,b]$, el vector $\vec{\tau}$ unitario y tangente a la curva en cada punto es

$$\vec{\tau} = \frac{\vec{r}\,'(t)}{\|\vec{r}\,'(t)\|}. \tag{5.22}$$

La proyección de un campo vectorial $\vec{f}: I \subseteq \mathbb{R}^n \to \mathbb{R}^n$ sobre la curva es $\vec{f} \cdot \vec{\tau}$. Es habitual usar la notación $d\vec{r} = \tau ds$, lo que permite calcular la integral de línea de $\vec{f}$ sobre C como sigue:

$$\int_C \vec{f}(\vec{x}) \cdot d\vec{r} = \int_C \vec{f}(\vec{x}) \cdot \vec{\tau} ds = \int_a^b \vec{f}(\vec{r}(t)) \cdot \vec{r}\,'(t)dt. \tag{5.23}$$

Desde el punto de vista de la física, la integral de línea de un campo vectorial permite calcular el

93

trabajo realizado por una fuerza sobre un partícula en movimiento. Por otra parte, la integral de línea permite definir nociones importantes de la mecánica de fluidos.

Definición 5.35. Se llama «circulación» a la cantidad total de fluido que rodea una curva cerrada C. La circulación queda determinada por la integral de línea del campo $\vec{v}$ de velocidades del fluido a lo largo de la curva, es decir,

$$\text{Circulación} = \oint_C \vec{v} \cdot \vec{\tau} ds = \int_a^b \vec{f}(\vec{r}(t)) \cdot \vec{r}'(t) dt,$$

donde $\vec{r}(t)$ es una parametrización de la curva cerrada C.

Ejemplo 5.36. Calculemos la circulación a lo largo de la trayectoria circular C, parametrizada por $\vec{\nu} = (\cos t, \sin t)$, $t \in [0, 2\pi]$, de un fluido cuyo campo de velocidades es $\vec{v}(x, y) = (-y, x)$.

En este caso, el vector tangente unitario a la trayectoria tiene por coordenadas $(-\sin t, \cos t)$ Aplicando la fórmula (5.23), obtenemos

$$\int_C \vec{v}(\vec{x}) \cdot d\vec{r} = \int_0^{2\pi} (-\sin t, \cos t) \cdot (-\sin t, \cos t)\, dt = \int_0^{2\pi} (\cos^2 t + \sin^2 t)\, dt = \int_0^{2\pi} 1\, dt = 2\pi.$$

Supongamos que C es una curva plana parametrizada por $\vec{r}(t) = (x(t), y(t))$. Recordemos que la integral de línea de un campo vectorial $\vec{f}$ a lo largo de C se calcula como la integral del producto escalar del campo con el vector tangencial unitario (5.22). Observemos que un vector normal a C es $\vec{n}(t) = (y'(t), -x'(t))$. Si sustituimos el vector tangencial unitario (5.22) por el vector normal unitario

$$\vec{\nu} := \frac{\vec{n}(t)}{\|\vec{n}(t)\|}, \tag{5.24}$$

obtendremos el flujo del campo a través de C. De esta forma, si el campo vectorial representa la velocidad $\vec{v}$ de un fluido atravesando un elemento unidimensional que dibuja una curva C, el flujo o cantidad de fluido a través de C se calcula integrando la componente de $\vec{v}$ normal C, es decir,

$$\text{Flujo} = \oint_C \vec{v} \cdot \vec{\nu}\, ds. \tag{5.25}$$

Ejemplo 5.37. Calculemos el flujo de un fluido cuya velocidad viene determinada por el campo $\vec{v} = (2x, 2y)$ a través de la circunferencia parametrizada por $\vec{r} = (\cos t, \sin t)$, $t \in [0, 2\pi]$.

Con la parametrización de la circunferencia considerada, el vector normal unitario es $\vec{\nu} = (\cos t, \sin t)$, por lo que el flujo es

$$\oint_C \vec{v} \cdot \vec{\nu}\, ds = \int_0^{2\pi} (2\cos t, 2\sin t) \cdot (\cos t, \sin t)\, dt = 2\int_0^{2\pi} (\cos^2 t + \sin^2 t)\, dt = 2\int_0^{2\pi} 1\, dt = 4\pi.$$

Recordemos el concepto de campo conservativo.

Definición 5.38. Un campo vectorial $\vec{f} : I \subseteq \mathbb{R}^n \to \mathbb{R}^n$ es **conservativo** si es el gradiente de algún campo escalar $F : I \subseteq \mathbb{R}^n \to \mathbb{R}$ diferenciable, es decir, si

$$\vec{f} = \nabla F.$$

El campo escalar F cuyo campo gradiente es $\vec{f}$ se llama campo potencial o potencial escalar de $\vec{f}$.

Los campos conservativos son de particular interés por su utilidad en diversas ramas de la ingeniería, y cumplen las siguientes propiedades.

Teorema 5.39. *Sea $\vec{f} : I \subseteq \mathbb{R}^n \to \mathbb{R}^n$ un campo conservativo. Su integral de línea a lo largo de una curva C contenida en I con extremos A y B es*

$$\int_C \vec{f} \cdot d\vec{r} = F(B) - F(A), \tag{5.26}$$

siendo $F : I \subseteq \mathbb{R}^n \to \mathbb{R}$ cualquier campo potencial escalar tal que $\vec{f} = \nabla F$.

Observemos que el resultado anterior establece que, para un campo conservativo, el valor de la integral es independiente de la trayectoria y, por lo tanto, que la integral sobre curvas cerradas es cero, como se establece en los siguientes resultados.

Corolario 5.40. *La integral de línea de un campo conservativo sobre una curva entre dos puntos es independiente de la curva escogida para unirlos; se dice que es independiente del camino.*

Corolario 5.41. *La integral de línea de un campo conservativo $\vec{f}$ sobre una curva cerrada C siempre es 0:*

$$\oint_C \vec{f} \cdot d\vec{r} = 0. \tag{5.27}$$

Ejemplo 5.42. Calculemos la circulación a través de la trayectoria cicloidal

$$\vec{r}(t) = (2(t - \sin t), 2(1 - \cos t)), \quad t \in [0, \pi],$$

de un fluido cuya velocidad viene determinada por el campo vectorial $\vec{v} = (2x, 2y)$.

Observemos que la velocidad es un campo conservativo, ya que es el gradiente del campo potencial escalar

$$V(x, y) = x^2 + y^2.$$

Teniendo en cuenta esta propiedad, podemos garantizar que la circulación es la diferencia del potencial en los puntos extremos de la trayectoria, es decir,

$$\oint_C \vec{v} \cdot \vec{\nu}\, ds = V(\vec{r}(\pi)) - V(\vec{r}(0)) = V(2\pi, 4) - V(0,0) = 4\pi^2 + 16 = 4(\pi^2 + 4).$$

Si un campo vectorial $\vec{f} : I \subseteq \mathbb{R}^2 \to \mathbb{R}^2$ no es conservativo, el siguiente teorema proporciona una alternativa para el cálculo de integrales de línea sobre curvas cerradas, transformando la integral de línea en una integral doble sobre la superficie plana encerrada.

Teorema 5.43 (Teorema de Green). *Sea C una curva en $\mathbb{R}^2$ cerrada, simple y recorrida en sentido antihorario, y sea S la superficie simplemente conexa del plano que esta curva delimita. Dado un campo vectorial $\vec{f} : I \subseteq \mathbb{R}^2 \to \mathbb{R}^2$ definido sobre C y S y diferenciable, con componentes $\vec{f}(x,y) = (f_1(x,y), f_2(x,y))$, su integral de línea sobre C es*

$$\oint_C \vec{f} \cdot d\vec{r} = \iint_S \left(\frac{\partial f_2}{\partial x} - \frac{\partial f_1}{\partial y} \right) dxdy. \tag{5.28}$$

Ejemplo 5.44. Calculemos la circulación a través del rectángulo $R \subseteq \mathbb{R}^2$, determinado por los vértices

$$P_1 = (1,1), \quad P_2 = (4,1), \quad P_3 = (4,5), \quad P_4 = (1,5),$$

de un fluido cuya velocidad viene determinada por el campo vectorial $\vec{v} = (x^2 - 1, x^3 y)$.

Observemos que, en este caso, la velocidad no es un campo conservativo, ya que

$$\frac{\partial v_1}{\partial y} = 0, \quad \frac{\partial v_2}{\partial x} = 3x^2 \quad \longrightarrow \quad \frac{\partial v_1}{\partial y} \neq \frac{\partial v_2}{\partial x}.$$

Ello implica que el campo de velocidades no se puede expresar como el gradiente de un campo escalar potencial y la integral de línea que determina la circulación no es la diferencia entre valores de un campo escalar potencial.

Para calcular la circulación, la integral de línea correspondiente puede obtenerse parametrizando cada lado del rectángulo ℓ_i, $i = 1, \ldots, 4$, y aplicando (5.23), es decir,

$$\text{Circulación} = \oint_C \vec{v} \cdot \vec{\tau}\, ds = \sum_{i=1}^{4} \oint_{\ell_i} \vec{v} \cdot \vec{\tau}\, ds.$$

Sin embargo, en este caso, la aplicación del teorema de Green puede facilitar el cálculo. Teniendo en cuenta que

$$\frac{\partial v_2}{\partial x} - \frac{\partial v_1}{\partial y} = 3x^2,$$

podemos escribir

$$\oint_R \vec{f} \cdot d\vec{r} = \iint_S 3x^2 dxdy = \int_{y=1}^{y=5} \left(\int_{x=1}^{x=4} 3x^2 dx \right) dy = \int_{y=1}^{y=5} 63\, dy = 63x4 = 252.$$

Para el cálculo de flujos (5.25), podemos utilizar la siguiente versión del teorema de Green.

Teorema 5.45 (Teorema de Green, forma de flujo). *Sea C una curva en $\mathbb{R}^2$ cerrada, simple y recorrida en sentido antihorario, y sea S la superficie simplemente conexa del plano que esta curva delimita. Dado un campo vectorial $\vec{f} : I \subseteq \mathbb{R}^2 \to \mathbb{R}^2$ definido sobre C y S y diferenciable, con componentes $\vec{f}(x, y) = (f_1(x, y), f_2(x, y))$, entonces*

$$\oint_C \vec{f} \cdot d\vec{v} = \iint_S \left(\frac{\partial f_2}{\partial x} + \frac{\partial f_1}{\partial y} \right) dx dy. \tag{5.29}$$

Ejemplo 5.46. Calculemos el flujo, a través de una circunferencia de radio r, de un fluido cuya velocidad viene determinada por el campo vectorial $\vec{v} = (x, y)$.

Teniendo en cuenta que,

$$\frac{\partial v_1}{\partial y} = 1, \quad \frac{\partial v_2}{\partial x} = 1,$$

aplicando el Teorema de Green, y denotando por S a la superficie del interior de la circunferencia C, obtenemos

$$\oint_C \vec{f} \cdot d\vec{v} = \iint_S 2 dx dy.$$

El valor $\iint_S 1 dx dy$ coincide con el área del círculo S y entonces

$$\oint_C \vec{f} \cdot d\vec{v} = 2\pi r^2.$$

5.4 Integrales de superficie

De manera similar al planteamiento de las integrales de línea, es posible calcular integrales de campos sobre diversos conjuntos. Por su utilidad en ingeniería, resultan de particular interés las integrales definidas sobre superficies en $\mathbb{R}^3$, que tienen una implicación directa en el cálculo de fuerzas de tipo presión o rozamiento. A continuación establecemos la noción de parametrización de una superficie que nos permitirá su representación matemática.

Definición 5.47. Una parametrización o representación paramétrica de una superficie es una aplicación

$$\vec{r} : U \longrightarrow \mathbb{R}^3,$$

donde $I \subseteq \mathbb{R}^2$ es un intervalo. El conjunto de los puntos definidos en $\mathbb{R}^3$ por los elementos de la Imagen de la parametrización $\vec{r}$ se llama superficie parametrizada por $\vec{r}$. Si la parametrización $\vec{r}$ es continua, la línea parametrizada es una curva.

Dada una superficie S parametrizada por $\vec{r} : U \to \mathbb{R}^3$, la ecuación vectorial de la superficie es

$$\vec{r}(u, v) = r_1(u, v)\vec{i} + r_2(u, v)\vec{j} + r_3(u, v)\vec{k}.$$

97

Las ecuaciones paramétricas de S son

$$\left.\begin{array}{rcl} x(u,v) & = & \alpha_1(u,v) \\ y(u,v) & = & \alpha_2(u,v) \\ z(u,v) & = & \alpha_3(u,v) \end{array}\right\} \quad (u,v) \in U$$

para cada $(u_0, v_0) \in U$

$$\vec{r}(u_0, v_0) = r_1(u_0, v_0)\vec{i} + r_2(u_0, v_0)\vec{j} + r_3(u_0, v_0)\vec{k}$$

es el vector de posición de P_0, determinado por el vector $\vec{r}(u_0, v_0)$.

> **Definición 5.48.** Sea S es una superficie parametrizada por $\vec{r}: U \to \mathbb{R}^3$ Un punto $P = \alpha(u_0, v_0) \in S$ es regular si las derivadas parciales de $\vec{r}$ existen y son continuas en (u_0, v_0) y
>
> $$\text{rang}\,[\,J(\alpha(u_0, v_0))\,] = 2.$$

Si S es una superficie parametrizada por $\vec{r}(u,v)$, el vector normal a S en cada punto es

$$\vec{n}(u,v) = \vec{r}_u \times \vec{r}_v = \begin{vmatrix} \vec{i} & \vec{j} & \vec{k} \\ \dfrac{\partial \vec{r}_1}{\partial u} & \dfrac{\partial \vec{r}_2}{\partial u} & \dfrac{\partial \vec{r}_3}{\partial u} \\ \dfrac{\partial \vec{r}_1}{\partial v} & \dfrac{\partial \vec{r}_2}{\partial v} & \dfrac{\partial \vec{r}_3}{\partial v} \end{vmatrix}.$$

> **Definición 5.49.** Un punto de una superficie es regular si existe y es no nulo, el vector normal a la superficie en ese punto. Una superficie es regular si todos sus puntos son regulares.

Su definición se establece de manera similar a las integrales de línea. La superficie en cuestión se divide en fragmentos y se evalúa la función en cada uno de ellos. La suma de estos valores, en el límite de fragmentos infinitesimales, es la integral de superficie.

> **Definición 5.50.** Sea $f: I \subseteq \mathbb{R}^3 \to \mathbb{R}$ un campo escalar y S una superficie en $\mathbb{R}^3$ sobre la que f esté definida. Considerando una división de S en n fragmentos de área ΔS, y tomando un punto cualquiera (x_i, y_i, z_i) en el fragmento i-ésimo, se llama «integral de superficie» de f sobre S al siguiente límite (si existe):
>
> $$\iint_S f(x,y,z)ds = \lim_{\Delta S \to 0} \sum_{i=1}^{n} f(x_i, y_i, z_i)\Delta S. \tag{5.30}$$

Para calcular las integrales de superficie, asumamos que S puede parametrizarse mediante una función $\vec{r}(u,v) = (x(u,v), y(u,v), z(u,v))$ diferenciable, con los parámetros (u,v) tomando valores sobre una región $R \subset \mathbb{R}^2$. En tal caso, el valor de la integral de superficie de f sobre S es

$$\iint_S f(x,y,z)ds = \iint_R f(x(u,v), y(u,v), z(u,v)) \left\| \frac{\partial \vec{r}}{\partial u} \times \frac{\partial \vec{r}}{\partial v} \right\| dudv.$$

Un caso particular de superficie son las gráficas de funciones de dos variables. Sea S una superficie descrita como $z = g(x,y)$, con $(x,y) \in R \subset \mathbb{R}^2$. En este caso, (x,y) son los propios parámetros de la superficie, cuya parametrización es $\vec{r}(x,y) = (x,y,g(x,y))$, y la integral de superficie de f sobre esta gráfica es

$$\iint_S f(x,y,z)ds = \iint_R f(x,y,z)\sqrt{1 + \left(\frac{\partial g}{\partial x}\right)^2 + \left(\frac{\partial g}{\partial y}\right)^2} dxdy.$$

Las integrales de superficie permiten analizar los flujos de campos vectoriales a través de superficies. Para ello, dado un campo vectorial, se busca calcular la integral de su componente normal a lo largo de toda la superficie. En una superficie S con parametrización $\vec{r}(u,v)$ diferenciable, con $(u,v) \in R$, el vector $\vec{n}$ unitario y normal a ella es

$$\vec{n} = \frac{1}{\left\| \frac{\partial \vec{r}}{\partial u} \times \frac{\partial \vec{r}}{\partial v} \right\|} \frac{\partial \vec{r}}{\partial u} \times \frac{\partial \vec{r}}{\partial v}. \tag{5.31}$$

La **integral de flujo** de un campo vectorial $\vec{f}: I \subseteq \mathbb{R}^3 \to \mathbb{R}$ a través de una superficie S es

$$\iint_S \vec{f}(x,y,z) \cdot d\vec{S} = \iint_S \vec{f}(x,y,z) \cdot \vec{n}ds = \iint_R \vec{f}(\vec{r}(u,v)) \cdot \left(\frac{\partial \vec{r}}{\partial u} \times \frac{\partial \vec{r}}{\partial v}\right) dudv, \tag{5.32}$$

donde se usa la notación $d\vec{S} = \vec{n}ds$. En el caso de superficies en $\mathbb{R}^3$ parametrizadas como $z = (g, x, y)$, esta expresión se simplifica como

$$\iint_S \vec{f}(x,y,z) \cdot d\vec{S} = \iint_R \vec{f}(x,y,g(x,y)) \cdot \left(-\frac{\partial g}{\partial x}, -\frac{\partial g}{\partial y}, 1\right) dxdy. \tag{5.33}$$

Se presentan a continuación tres importantes resultados que relacionan distintos tipos de integrales.

Teorema 5.51 (Teorema de la divergencia). *Sea S una superficie cerrada en $\mathbb{R}^2$, encerrando un volumen V. Dado un campo vectorial $\vec{f}: I \subseteq \mathbb{R}^3 \to \mathbb{R}$ diferenciable sobre V, su integral de flujo sobre S es*

$$\iint_S \vec{f} \cdot d\vec{S} = \iiint_V \nabla \cdot \vec{f} dxdydz. \tag{5.34}$$

Este teorema relaciona integrales de volumen con integrales de superficie y representa que el flujo neto de un campo vectorial a través de una superficie cerrada S de un volumen $V = dxdydz$ es igual a la divergencia del campo vectorial en el volumen.

Teorema 5.52 (Teorema de Stokes). *Sea S una superficie acotada en $\mathbb{R}^2$, limitada por una curva cerrada C y orientadas ambas, como se indica en la figura. Dado un campo vectorial $\vec{f} : I \subseteq \mathbb{R}^3 \to \mathbb{R}$ diferenciable sobre S, se cumple que*

$$\oint_C \vec{f} \cdot d\vec{r} = \iint_S (\nabla \times \vec{f}) \cdot d\vec{S}. \tag{5.35}$$

Las integrales de superficie se usarán de forma directa para el cálculo del caudal que permitirá conocer el flujo de fluido que atraviesa una sección cerrada y que se expresa en unidades de m^3/s; y que debe entenderse como la integral cerrada a una superficie del flujo definido por el producto escalar del campo de velocidades y el vector normal a la superficie cerrada; y no como el producto de una velocidad promedio por la superficie de la sección cerrada que es atravesada por el flujo.

El Teorema de Stokes relaciona integrales de línea con integrales de superficie y representa que la circulación de un campo vectorial a lo largo de una línea cerrada es igual al flujo que atraviesa la sección del rotacional del campo vectorial.

Ejemplo 5.53. *Sea V la región del espacio acotada por los planos de coordenadas y por el plano $2x + 2y + z = 6$, y sea $\vec{f}(x, y, z) = (x, y^2, z)$. Calcular la integral de flujo de $\vec{f}$ a través de la superficie S que delimita el volumen V.*

Como se ve en la figura, el volumen V está acotado por cuatro porciones de planos. Por tanto, para calcular la integral de flujo de $\vec{f}$ a través de la superficie S, es necesario calcularla a través de cada una de estas cuatro caras. Sin embargo, el teorema de la divergencia permite simplificar el cálculo realizando una única integral de volumen.

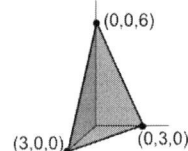

$$\iint_S \vec{f} \cdot d\vec{S} = \iiint_V \nabla \cdot \vec{f}\,dxdydz = \int_0^3 \int_0^{3-y} \int_0^{6-2x-2y} (2 + 2y)dzdxdy$$

$$= \int_0^3 \int_0^{3-y} (2z + 2yz)\big|_0^{6-2x-2y}\,dxdy = \int_0^3 \int_0^{3-y} (12 - 4x + 8y - 4xy - 4y^2)dxdy$$

$$= \int_0^3 (12x - 2x^2 + 8xy - 2x^2y - 4xy^2)\big|_0^{3-y}\,dy = \int_0^3 (18 - 6y - 10y^2 + 2y^3)\,dy$$

$$= (12x - 2x^2 + 8xy - 2x^2y - 4xy^2)\big|_0^3 = \frac{63}{2}.$$

Ejemplo 5.54. *Sea C el triángulo contenido en el plano $2x + 2y + z = 6$, con vértices en los ejes y orientación antihoraria, visto desde el primer octante. Calcular la integral de línea sobre C del campo vectorial $\vec{f}(x, y, z) = (-y^2, z, x)$.*

Como muestra la figura, el cálculo de la integral de línea indicada requiere parametrizar tres segmentos diferentes, evaluando el campo sobre cada uno de ellos y sumando los resultados. El teorema de Stokes, sin embargo, permite calcular este valor mediante una sola intergral sobre cualquier superficie cuya frontera sea C; por ejemplo, la superficie plana triangular S delimitada por C sobre el plano indicado:

$$\oint_C \vec{f} \cdot d\vec{r} = \iint_S (\nabla \times \vec{f}) \cdot d\vec{S}.$$

El rotacional del campo indicado es

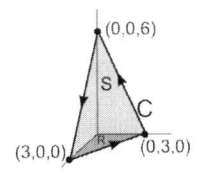

$$\nabla \times \vec{f} = \begin{vmatrix} \vec{i} & \vec{j} & \vec{k} \\ \dfrac{\partial}{\partial x} & \dfrac{\partial}{\partial y} & \dfrac{\partial}{\partial z} \\ -y^2 & z & x \end{vmatrix} = (-1, -1, 2y).$$

La ecuación del plano se puede reescribir como $z = 6 - 2x - 2y$, lo que permite utilizar (5.32) para calcular la integral a la superficie S:

$$\iint_S (\nabla \times \vec{f}) \cdot d\vec{S} = \iint_R (-1, -1, 2y) \cdot (2, 2, 1)dxdy = \iint_R (2y - 4)dxdy,$$

siendo $R \subset \mathbb{R}^2$ el conjunto de valores que toman las variables x e y, y que se corresponde en este caso con la base de la pirámide indicada en la figura. Por tanto,

$$\iint_R (2y - 4)dxdy = \int_0^3 \int_0^{3-y} (2y - 4)dxdy = \int_0^3 (-2y^2 + 10y - 12)dy = -9.$$

Problema 1

Los cambios de presión y temperatura en la atmósfera modifican constantemente las condiciones para el vuelo, lo que obliga a los pilotos, durante sus travesías, a tener un control exhaustivo y constante de este par de variables meteorológicas. En la figura 5.1 se muestran las diferentes capas que conforman la atmósfera terrestre y cómo varía la temperatura en ellas. Se pide determinar cómo cambia la presión en la estratosfera para una altitud entre 11 y 20 km y en la troposfera.

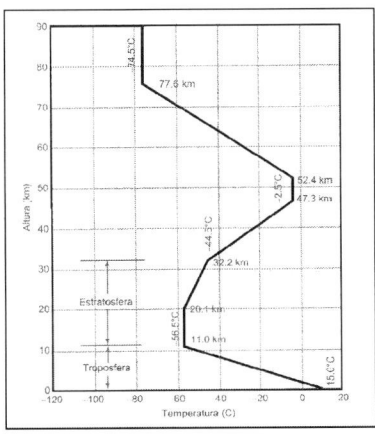

Figura 5.1: Variación de la temperatura en la atmósfera.

101

Solución:

Considerando que el aire atmosférico se considera como un gas ideal, podemos hacer uso de la expresión $P = \rho RT$, de forma que $\rho = \dfrac{P}{RT}$ y de la ley fundamental de la fluidostática que nos dice que $\nabla P = \rho \vec{g}$. Como el vector aceleración de la gravedad solo tiene componente vertical, asumiendo que esta va en la dirección del eje z del sistema de coordenadas, podemos simplificar a: $\dfrac{dP}{dz} = \rho g = \dfrac{P}{RT}g$, separando variables e integrando, obtenemos:

$$\int \frac{dP}{P} = -\frac{g}{R}\int \frac{dz}{T}$$

Para poder realizar esta integral, se debe conocer cómo varía la temperatura del aire con la altura z entre 11 y 20km. De la figura (5.1) se puede observar que entre estos valores la temperatura se mantiene constante alrededor de $T_c = -56,5^\circ C$, de forma que podemos sacar el valor de la temperatura de la integral y nos quedaría:

$$\log P_2 - \log P_1 = \frac{g}{RT_c}(z_2 - z_1), \quad P_2 = P_1 e^{g(z_2 - z_1)/(RT_c)}$$

En el caso del tramo de la troposfera entre 0 y 11km, la temperatura ya no es constante, sino que sigue la ecuación de una recta del tipo: $T = T_0 - az$, con a la pendiente que se puede obtener de la gráfica; y la expresión anterior sería sustituida por:

$$\int \frac{dP}{P} = -\frac{g}{R}\int \frac{dz}{T_0 - az}$$

que integrando queda

$$\log \frac{P_1}{P_0} = \frac{g}{Ra}\log\left(1 - \frac{az_1}{T_0}\right),$$

o, equivalentemente,

$$P_1 = P_0\left(1 - \frac{az_1}{T_0}\right)^{\frac{g}{Ra}}.$$

La variación de la presión con la altura en la atmósfera es un fenómeno muy importante para la meteorología y la aviación.

Problema 2

El depósito de la figura (5.2) contiene agua de densidad $1000kg/m^3$ y aire de densidad $1,29kg/m^3$ según se muestra en la figura. Las distancias verticales medidas desde la parte superior del depósito son $h_M = 1,2m$, $h_A = 2,4m$, $h_B = 0,9m$, $h_C = 1,5m$. Calcular la presión en los puntos A, B, C y D.

Solución:

Al ser un depósito que contiene agua en reposo, la ley fundamental de la fluidostática indica que $\nabla P + \rho\vec{g} = 0$; y como la densidad del agua la podemos considerar constante y el vector aceleración

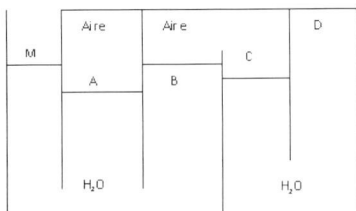

Figura 5.2: Depósito de agua.

de la gravedad va en la dirección vertical, podemos decir que no hay variación de presión ni en x ni en y porque las componentes de $\vec{g}$ en esos dos ejes son cero, quedando solo la componente en z; de forma que esta ecuación vectorial se simplifica en $\dfrac{dP}{dz} = -\rho g$. Para poder conocer la presión en cualquier punto, separamos variables e integramos, de forma que:

$$\int_{P_1}^{P_2} dP = -\rho g \int_{z_1}^{z_2} dz.$$

Resolviendo la ecuación anterior, tendremos

$$P_2 - P_1 = -\rho g \left(z_2 - z_1 \right).$$

Si identificamos el punto 1 como un valor de referencia y 2 un punto cualquiera dentro del agua, podemos re-escribir la ecuación anterior como:

$$P(z) - P_0 = -\rho g \left(z - z_0 \right).$$

Ahora, tan solo tenemos que identificar el punto de referencia, que por conveniencia elegiremos aquel en el que conozcamos cuánto vale su presión. Lo más sencillo es buscar un punto a presión atmosférica; es decir, el punto en el que el agua está abierto a la atmósfera; que según la figura sería el punto A. De esta forma $P_0 = P_M = P_{atm}$, y su coordenada vertical $z_0 = z_M$ será la altura vertical que hay desde la referencia que hayamos cogido $z = 0$ hasta el punto M. En la siguiente figura (5.3) podemos ver gráficamente lo que representan estas variables. De forma que, para conocer la presión en cualquier punto z del agua,

$$P(z) = P_0 - \rho g \left(z - z_0 \right) = P_M - \rho g \left(z - z_M \right) = P_M - \rho g \left(z - z_M \right).$$

Según la figura (5.3) $z - z_M$ es la distancia desde el punto M (punto del agua en contacto con el aire y, por tanto, punto que estará a la misma presión que el aire $P_M = P_{atm}$, y un punto cualquiera z dentro del agua; o lo que es lo mismo, lo que en el enunciado se llama «distancia vertical» medida desde la parte superior del depósito, con signo negativo; es decir, $-h_M$. Sustituyendo $z - z_M = -h_m$, tenemos que

$$P(z) = P_{atm} + \rho g h_M.$$

De una manera más intuitiva, podríamos decir que en un líquido en reposo, abierto a la atmósfera, la

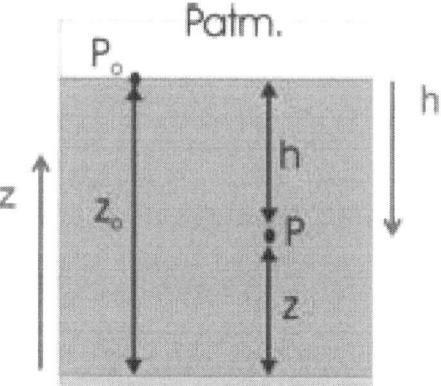

Figura 5.3: Coordenadas de referencia en un depósito con agua abierto a la atmósfera.

presión en cualquier punto es la presión atmosférica P_{atm} (presión de la superficie libre, o presión del punto en contacto con la atmósfera) más el peso de la columna de fluido que se encuentra por encima de ese punto ($\rho g h_M$). También, de este hecho, podemos ver fácilmente que la presión mínima se encuentra en la superficie libre (P_{atm}) y la presión máxima se encuentra en el fondo del depósito ($P_a tm + \rho g H$), si H es la altura total de agua en el depósito.

Ahora ya podemos calcular las presiones en los puntos que nos indican. Se ha aproximado el valor de la gravedad por $10m/s^2$ y en lugar de tomar presiones absolutas se consideran presiones manométricas. Recordamos que, en este caso, como la presión atmosférica actúa por todas partes, la elegimos como presión de referencia, y no hay que tenerla en cuenta. Además, se desprecia el peso de las columnas de aire, puesto que la densidad del aire es mucho menor que la del agua:

$$P_A = P_M - \rho g(h_M - h_A) = -1000 \cdot 10 \cdot (1,2 - 2,4) = 12kPa$$
$$P_B = P_M - \rho g(h_M - h_B) = P_A - \rho g(h_A - h_B) = -1000 \cdot 10 \cdot (1,2 - 0,9) = -3kPa.$$

La presión en el punto C es la misma que en el punto B; ya que despreciamos el peso del aire, por tanto, $P_C = -3kPa$ y, por último:

$$P_D = P_C - \rho g(h_C - h_D) = -3000 - 1000 \cdot 10 \cdot (1,5 - 0) = -18kPa.$$

Problema 3

El campo de velocidades del viento en un parque eólico viene representado por la función $\vec{v} = 30\left(1 - e^{-z/10}\right)\vec{i}\,m/s$, donde z es la altura desde el suelo. Sobre el suelo se encuentra una moneda. Se pide:

a) Representar gráficamente el perfil de la velocidad del viento.

104

b) Calcular el esfuerzo del viento en contacto con el suelo.

c) Calcular la fuerza que el viento ejerce sobre la moneda.

Solución:

a) Para representar gráficamente el perfil de velocidad del viento no tenemos más que dar valores a la variable z que representa la altura sobre el suelo e ir conociendo cuánto vale la velocidad para esos valores y después representar el eje z en el eje de ordenadas y la velocidad $\vec{v}$ en el eje de abscisas.

- Para $z = 0$, $\vec{v} = 0\vec{i}$.
- Para $z = 5$, $\vec{v} = 30 \left(1 - \dfrac{1}{e^{\frac{1}{2}}} \right) \vec{i} \approx 11,8\vec{i}$.
- Para $z = 10$, $\vec{v} = 30 \left(1 - \dfrac{1}{e} \right) \vec{i} \approx 18,96\vec{i}$.
- Para $z = 30$, $\vec{v} = 30 \left(1 - \dfrac{1}{e^3} \right) \vec{i} \approx 28,5\vec{i}$.

En la figura 5.4 se representan estos datos en forma de perfil de velocidades, observando que se ajustan a la función exponencial definida en el enunciado.

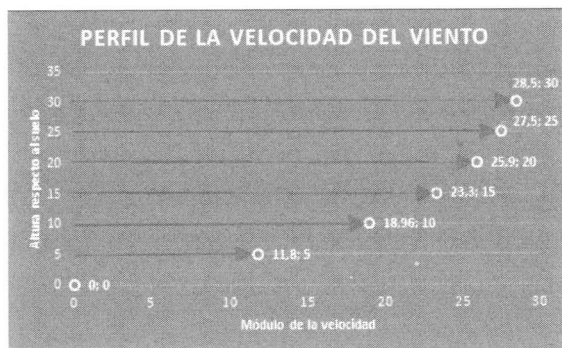

Figura 5.4: Perfil de velocidad del viento.

b) El esfuerzo del viento vendrá dado por el tensor de esfuerzos, que en su forma general se describe mediante $\tau = -PId + 2\mu e_G$, donde P es la presión, μ la viscosidad del aire y e_G el tensor velocidad de deformación global. En este caso, el aire se encuentra a presión atmosférica, la cual podemos tomar como presión de referencia, y así el problema se simplifica a calcular el tensor velocidad de deformación global e_G. En notación indicial, los elementos que componen este tensor vienen dados por $e_{ij} = \dfrac{1}{2} \left(\dfrac{\partial u_i}{\partial x_j} + \dfrac{\partial u_j}{\partial x_i} \right)$. De esta forma, calculamos:

- $e_{11} = \dfrac{1}{2} \left(\dfrac{\partial u}{\partial x} + \dfrac{\partial u}{\partial x} \right) = \dfrac{\partial u}{\partial x} = 0,$
- $e_{12} = \dfrac{1}{2} \left(\dfrac{\partial u}{\partial y} + \dfrac{\partial v}{\partial x} \right) = 0,$

105

- $e_{13} = \dfrac{1}{2}\left(\dfrac{\partial u}{\partial z} + \dfrac{\partial w}{\partial x}\right) = \dfrac{3}{2}e^{-z/10}$,

- $e_{21} = e_{12} = 0$,

- $e_{22} = \dfrac{1}{2}\left(\dfrac{\partial v}{\partial y} + \dfrac{\partial v}{\partial y}\right) = \dfrac{\partial v}{\partial y} = 0$,

- $e_{23} = \dfrac{1}{2}\left(\dfrac{\partial v}{\partial z} + \dfrac{\partial w}{\partial y}\right) = 0$,

- $e_{31} = e_{13} = \dfrac{3}{2}e^{-z/10}$,

- $e_{32} = e_{23} = 0$,

- $e_{33} = \dfrac{1}{2}\left(\dfrac{\partial w}{\partial z} + \dfrac{\partial w}{\partial z}\right) = \dfrac{\partial w}{\partial z} = 0$.

Y así podemos construir el tensor de esfuerzos como:

$$\tau = 2\mu e_G = 2\mu \begin{pmatrix} 0 & 0 & \dfrac{3}{2}e^{-z/10} \\ 0 & 0 & 0 \\ \dfrac{3}{2}e^{-z/10} & 0 & 0 \end{pmatrix},$$

y, particularizando en el suelo ($z = 0$), se convierte en:

$$\tau = 2\mu e_G = 2\mu \begin{pmatrix} 0 & 0 & 3/2 \\ 0 & 0 & 0 \\ 3/2 & 0 & 0 \end{pmatrix}.$$

c) Para calcular la fuerza que el viento ejerce sobre la moneda que está situada en el suelo, utilizaremos $\vec{F} = \int \tau \cdot \vec{n} dS$, donde τ es el tensor de esfuerzos del viento que acabamos de calcular, en el suelo, y $\vec{n}$ es el vector unitario perpendicular a la superficie, en este caso, de la moneda que está situada sobre el suelo, y que va en la dirección del eje de coordenadas vertical $\vec{n} = \vec{k}$, de forma que:

$$\tau \cdot \vec{n}\big|_{z=0} = 2\mu e_G = 2\mu \begin{pmatrix} 0 & 0 & 3/2 \\ 0 & 0 & 0 \\ 3/2 & 0 & 0 \end{pmatrix} \begin{pmatrix} 0 \\ 0 \\ 1 \end{pmatrix} = 3\mu\vec{i},$$

$$\vec{F} = \int \tau \cdot \vec{n} dS = \int 3\mu\vec{i} dS = 3\mu\vec{i} \int dS = 3\mu S\vec{i},$$

siendo S la superficie de la moneda.

Problema 4

Una presa que retiene agua en un embalse tiene un perfil parabólico de la forma $\dfrac{z}{z_0} = \left(\dfrac{x}{x_0}\right)^2$ donde $x_0 = 10m$ y $z_0 = 24m$; y una anchura $L = 50m$. Calcular la fuerza de presión que soporta la presa y el punto de aplicación.

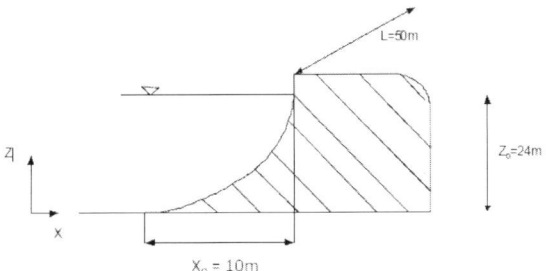

Figura 5.5: Presa parabólica.

La presa es una superficie curva y la fuerza de presión que ejerce el agua sobre ella será una fuerza perpendicular a esta superficie, que podemos calcular como $\vec{F} = \int \tau \cdot \vec{n} dS$. El vector normal da el carácter vectorial a la fuerza, de forma que $\vec{n} dS = (-dS_x, dS_y, dS_z)$, que son las proyecciones de la superficie de la compuerta en dirección perpendicular a cada uno de los ejes del sistema de coordenadas (x, y, z).

Si calculamos la fuerza total de presión como una componente horizontal y otra vertical, usando dS_x y dS_z respectivamente; ya que en la componente y todo es constante, para la componente horizontal x, tendremos que

$$F_H = -\int \tau dS_x,$$

como el fluido está en reposo, $\tau = -PId$, y la forma de calcular la fuerza se simplifica a

$$F_H = \int P dS_x = \int (P_{atm} + \rho g(z_0 - z)) dy dz.$$

Como la presión atmosférica actúa por todas partes, podemos tomarla como presión de referencia (presión manométrica) y, de esta forma,

$$F_H = \int (\rho g(z_0 - z)) dy dz = \rho g z_0 \int dy dz - \rho g \int z dy dz.$$

Sabiendo que por definición, la coordenada vertical del centro de gravedad de la superficie proyectada en dirección perpendicular a la fuerza horizontal es $z_{CG} = \dfrac{1}{S_x} \int z dy dz$, tenemos que

$$F_H = \rho g z_0 S_x - \rho g S_x z_{CG} = \rho g(z_0 - z_{CG}) S_x = P(z = z_{CG}) S_x,$$

y, de esta forma, calculamos la componente horizontal de la fuerza de presión como:

$$F_H = \rho g(z_0 - z_{CG}) S_x = 1000(9,8)(24 - \frac{24}{2})(50 \cdot 24) = 141120 kN.$$

El punto de aplicación de esta componente de la fuerza, que va en la dirección del eje x, se encontrará en el centro de presiones del área proyectada perpendicular al eje x, siendo esta una superficie plana en el plano (y, z). Teniendo en cuenta lo anterior y que el fluido está abierto a la atmósfera con la superficie de la compuerta parcialmente sumergida, obtendremos que:

$$z_{CP} = z_{CG} - \frac{\rho g I_z z}{z_{CG} S_x} = \frac{24}{2} - \frac{1000(9,8)\frac{24^3 \cdot 50}{12}}{\frac{24}{2}(50 \cdot 24)} = \frac{2}{3}z_0 = 16m.$$

Para la componente vertical de la fuerza de presión, tenemos que esta es igual a todo el peso que ejerce el fluido sobre la superficie de la compuerta:

$$F_v = \int \rho g z dS_z = \int \rho g z dx dy.$$

En el enunciado nos han dado el perfil del embalse, de forma que $z = z_0 \left(\dfrac{x}{x_0}\right)^2$ depende de la coordenada x y es independiente de la coordenada y, cuya longitud se mantiene constante y podremos sacar como constante de la integral, así se reduce a calcular:

$$F_v = \rho g L \int_{x=0}^{x=x_0} (z_0 - z(x)) dx = \rho g L \int_{x=0}^{x=x_0} \left(z_0 - z_0 \left(\frac{x}{x_0}\right)^2\right) dx$$

$$= \rho g L z_0 \int_{x=0}^{x=x_0} \left(1 - \frac{x^2}{x_0^2}\right) dx = \rho g L z_0 \left(x - \frac{x^3}{3x_0^2}\right)|_0^{x_0} = \rho g \frac{2}{3}x_0 z_0 L$$

$$= 1000(9,8)\frac{2}{3}10 \cdot 24 \cdot 50 = 78400 kN.$$

El punto de aplicación de esta componente de la fuerza, que va en la dirección del eje z, se encontrará en el centro de presiones del área perpendicular al eje z y estará situado en el centroide de esta superficie.

$$x_C = \frac{1}{A} \int_0^{x_0} xz dx = \frac{1}{\frac{2}{3}x_0 z_0} \int_0^{x_0} x \left(z_0 - z_0 \left(\frac{x}{x_0}\right)^2\right) dx = \frac{3}{2x_0} \left(\frac{x^2}{2} - \frac{x^4}{4x_0^2}\right)|_0^{x_0} = \frac{3}{8}x_0.$$

El centro de presiones de la fuerza total de presión se encuentra en la intersección entre las líneas de acción (puntos de aplicación) de la fuerza horizontal y vertical y no está en la pared de la presa. Se puede encontrar el centro de presiones equivalente siguiendo la dirección de la fuerza resultante $F = \sqrt{F_H^2 + F_V^2} = 161435 kN$ con el ángulo $\alpha = \arctan\left(\dfrac{F_v}{F_H}\right) = 29,06^o$.

Problema 5

Dado el campo de velocidades $\vec{v} = 2x^2\vec{i} - xy\vec{j} - 3xz\vec{k}$, calcular su flujo volumétrico o caudal a través del cuadrado definido por los vértices $(1, 0, 0)$, $(1, 1, 0)$, $(1, 1, 1)$, $(1, 0, 1)$.

Solución:

La superficie que atraviesa el flujo es un cuadrado paralelo al plano yz y situado en $x = 1$, como se puede ver en la figura (5.6). El caudal o flujo volumétrico lo calculamos como la integral a toda la superficie del producto $\vec{v} \cdot \vec{n}$, de la forma:

$$Q = \oint \vec{v} \cdot \vec{n} \, dS$$

donde $\vec{n}$ es el vector normal a la superficie, en este caso, $\vec{n} = (1, 0, 0)$ y, por tanto,

$$\vec{v} \cdot \vec{n} = \left(\begin{array}{ccc} 2x^2 & -xy & -3xz \end{array} \right) \cdot \left(\begin{array}{c} 1 \\ 0 \\ 0 \end{array} \right) = 2x^2,$$

de forma que el caudal será

$$Q = \oint 2x^2 \, dS = \oint 2x^2 \, dy \, dz.$$

En toda la superficie, la coordenada x vale 1, de forma que podemos sustituir dentro de la integral por este valor.

$$Q = \oint 2 \, dy \, dz = 2 \oint dy \, dz = 2 \int_{y=0}^{y=1} \int_{z=0}^{z=1} dy \, dz = 2 m^3/s$$

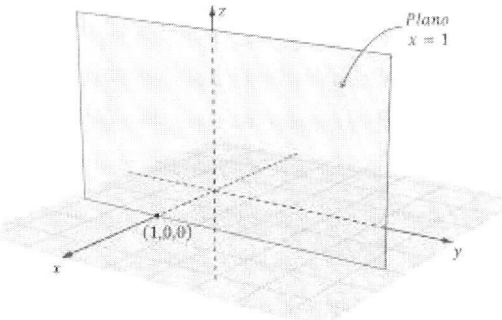

Figura 5.6: Superficie paralela al plano yz en $x = 1$.

Problema 6

La compuerta del pantano de la Baells es rectangular. Las coordenadas de sus vértices, expresadas en metros en un sistema cartesiano, son: A(0,0,0), B(0,1,0), C(5,0,0), D(5,1,0). En primavera, cuando se abren las compuertas para evacuar el agua del deshielo, la velocidad del flujo de agua que atraviesa la compuerta es $\vec{v} = (-x^2 - 2y^2 + 2y + 5x)\vec{k}$ en m/s. Calcule el caudal volumétrico de agua $Q(m^3/s)$ que descarga el pantano a través de la compuerta cuando esta se encuentra completamente abierta.

Solución:

En este caso, la superficie que atraviesa el flujo es la de la compuerta que está situada en un plano xy situado en $z = 0$, de forma que el vector normal a la superficie va en la dirección del eje z,

109

siendo $\vec{n} = (0, 0, 1)$.

El flujo lo calculamos como:

$$\vec{v} \cdot \vec{n} = \begin{pmatrix} 0 & 0 & -x^2 - 2y^2 + 2y + 5x \end{pmatrix} \cdot \begin{pmatrix} 0 \\ 0 \\ 1 \end{pmatrix} = -x^2 - 2y^2 + 2y + 5x,$$

de forma que el caudal lo calculamos como:

$$\begin{aligned} Q &= \int_{y=0}^{y=1} \int_{x=0}^{x=5} (-x^2 - 2y^2 + 2y + 5x) \, dx dy = \int_{y=0}^{y=1} \left(-\frac{x^3}{3} - 2y^2 x + 2yx + \frac{5x^2}{2} \right)_0^5 dy \\ &= \left(-\frac{5^3 y}{3} - 10\frac{y^3}{3} + 10\frac{y^2}{2} + \frac{5^3 y}{2} \right)_0^1 = \frac{135}{6}. \end{aligned}$$

Problema 7

El perfil de velocidades de un flujo laminar completamente desarrollado en una tubería de sección circular de radio R viene dado por la ley de Hagen-Poiseuille $\vec{v} = V \left[1 - \left(\frac{r}{R} \right)^2 \right] \vec{k}$.

a) Dibuje el perfil de velocidades en la tubería.

b) Calcule el caudal volumétrico que atraviesa una sección cualquiera de la tubería.

c) Calcule la velocidad media.

d) Particularice para el caso $R = 3cm$ y $V = 8m/s$.

Solución:

a) Para poder dibujar el perfil de velocidades en la tubería, damos valores a la variable r y calculamos la velocidad asociada a esa posición:

- para $r = 0$, eje de la tubería, $\vec{v} = V\vec{k}$,
- para $r = R$, pared de la tubería, $\vec{v} = 0\vec{k}$,

lo cual es lógico, ya que el fluido llevará la velocidad máxima en el eje y cero en su contacto con las paredes, que están fijas. Además, la función velocidad depende de la variable r de forma cuadrática, lo cual indica que se trata de una función parabólica, así que ya podemos representar el perfil de velocidades (Figura 5.7).

b) El caudal es el flujo que atraviesa una sección circular cualquiera de la tubería, de forma que el vector normal a esta sección será el vector unitario direccional en el eje de la tubería que es la dirección $\vec{k}$, por lo que $\vec{n} = (0, 0, 1)$, siendo $\vec{v} \cdot \vec{n} = V \left[1 - \left(\frac{r}{R} \right)^2 \right]$. Calculamos el caudal integrando este resultado, que es el flujo, en la sección circular:

$$Q = \int_{r=0}^{r=R} V \left[1 - \left(\frac{r}{R} \right)^2 \right] 2\pi r dr = \frac{\pi V R^2}{2}.$$

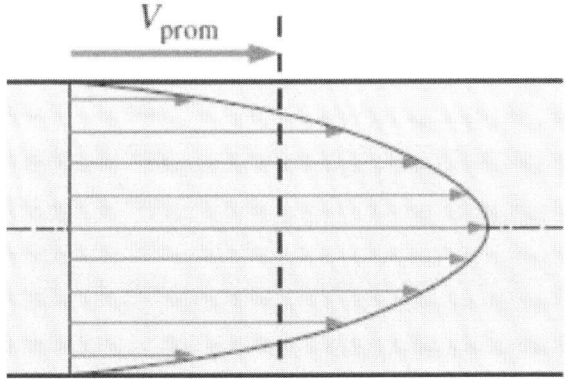

Figura 5.7: Perfil de velocidades en una tubería de sección circular.

c) La velocidad media la calculamos como el cociente entre el caudal que circula y la sección.

$$v_{med} = \frac{Q}{A} = \frac{\frac{\pi V R^2}{2}}{\pi R^2} = \frac{V}{2},$$

y está representada en la figura (5.7) por una línea roja discontinua, para reflejar lo que representa frente al perfil de velocidades del flujo.

d) Si $R = 3cm$ y $V = 8m/s$ no tenemos más que sustituir en los resultados anteriores, obteniendo un valor de caudal de $Q = 0,0113m^3/s$ y un valor de velocidad media $v_{med} = 4m/s$.

Problema 8

Considere un depósito que contiene agua y aire en estado estacionario en el que se ha introducido un tubo 1 de sección A_1 para su llenado con un caudal Q_1. En el extremo inferior derecho del depósito se tiene otro tubo 2 de sección A_2 por el que se vacía el depósito a velocidad V_2. En el extremo superior izquierdo del depósito se tiene un tercer tubo 3 de sección A_3 por el que se vacía el aire también del depósito. Determine

a) la velocidad con la que sale el aire por el tubo 3 y

b) velocidad con la que el nivel del agua varía en el depósito,

c) velocidad con la que el nivel del agua disminuye en el depósito si este está abierto, se retira el tubo 1 y 3, y solo se deja el 2 vaciando el depósito.

Solución:

a) Para resolver este problema, en primer lugar tenemos que seleccionar el volumen de control, que es el marcado con línea discontinua y detallado en la figura 5.8 b). El volumen de control no cambia en el tiempo; ya que las superficies que lo forman son fijas, y las variables son uniformes en estas superficies que rodean al volumen de control.

111

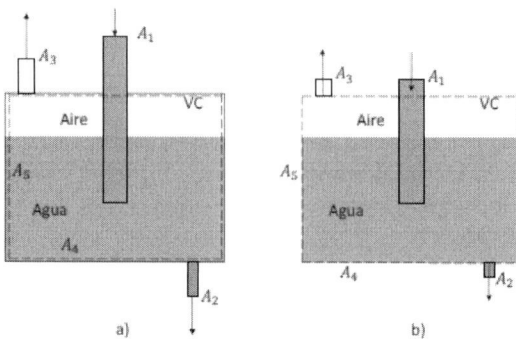

Figura 5.8: Depósito con agua y aire a) y volumen de control asociado b).

La ecuación de conservación de la masa o continuidad para este volumen de control es

$$\frac{\partial}{\partial t} \int_{VC} \rho dV + \oint_{SC} \rho \left[(\vec{v} - \vec{v}_{VC}) \cdot \vec{n} \right] dS = 0.$$

Al ser el flujo estacionario, el primer sumando de la ecuación anterior es nulo, y al ser el volumen de control fijo, no se mueve con ninguna velocidad, también podremos decir que $\vec{v}_{VC} = 0$, así la ecuación anterior se simplifica en

$$\oint_{SC} \rho \left(\vec{v} \cdot \vec{n} \right) dS = 0.$$

Para poder calcular esta integral de superficie, dividimos la superficie total que rodea el volumen de control en 4 superficies: A_1, A_2, A_3, A_4 donde A_1, A_2, A_3 coinciden con las áreas de los tubos por los que entra o sale flujo, superficies abiertas, y A_4 son todas las demás superficies de tipo pared o cerradas que componen las paredes del depósito y a través de las cuales no puede haber flujo. En este último tipo de superficies, la condición que impide que haya flujo a través de la pared se formula como $\vec{v} \cdot \vec{n} = 0$, de forma que solo habrá que calcular la integral en el resto de superficies

$$\int_{A_1} \rho_1 \left(\vec{v}_1 \cdot \vec{n}_1 \right) dS + \int_{A_2} \rho_2 \left(\vec{v}_2 \cdot \vec{n}_2 \right) dS + \int_{A_3} \rho_3 \left(\vec{v}_3 \cdot \vec{n}_3 \right) dS = 0.$$

Los vectores normales $\vec{n}_1, \vec{n}_2, \vec{n}_3$ son perpendiculares a las superficies y por convenio del fluido hacia el exterior, por lo que $\vec{v}_1 \cdot \vec{n}_1 = -v_1$, $\vec{v}_2 \cdot \vec{n}_2 = v_2$ y $\vec{v}_3 \cdot \vec{n}_3 = v_3$, así que la ecuación anterior se reduce a

$$-\int_{A_1} \rho_1 v_1 dS + \int_{A_2} \rho_2 v_2 dS + \int_{A_3} \rho_3 v_3 dS = 0.$$

Como densidad y velocidad son funciones constantes, resolvemos estas integrales para obtener

112

una relación algebraica del tipo:

$$-\rho_1 v_1 A_1 + \rho_2 v_2 A_2 + \rho_3 v_3 A_3 = -\rho_{agua} v_1 A_1 + \rho_{agua} v_2 A_2 + \rho_{aire} v_3 A_3 = 0.$$

que también podemos expresar como $-\dot{m}_1 + \dot{m}_2 + \dot{m}_3 = 0$.

Velocidad o caudal, densidades y áreas son datos del problema, excepto la velocidad 3 de salida del aire por el tubo 3 que es incógnita y lo que piden calcular en el enunciado, así que despejando v_3 de la ecuación anterior tenemos el valor de la velocidad con la que el aire sale por el tubo 3:

$$v_3 = \frac{\rho_{agua}(v_1 A_1 - v_2 A_2)}{\rho_{aire} A_3} = \frac{\rho_{agua}(Q_1 - v_2 A_2)}{\rho_{aire} A_3}.$$

b) Para poder calcular la velocidad con la que el nivel del agua del depósito cambia, debemos cambiar el volumen de control; ya que la superficie del agua no estaba incluida en el volumen de control anterior. El nuevo volumen de control en este caso es el que se representa en la figura 5.9 b) y en el que la superficie libre del agua es una de las superficies que conforma el volumen de control sobre la que poder calcular la velocidad con la que se mueve. Podemos suponer como hipótesis para el cálculo que el nivel de agua en el depósito está aumentando y, por tanto, la velocidad con la que se mueve la superficie libre del agua irá en la dirección positiva del eje z.

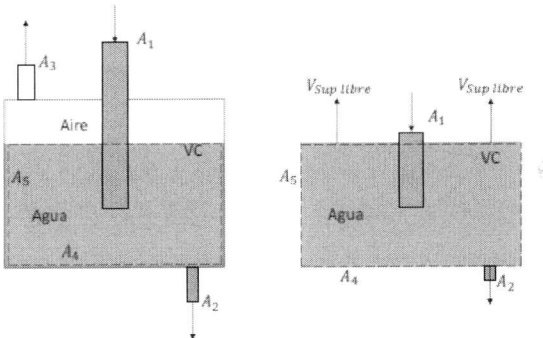

Figura 5.9: Depósito con agua y aire a) y volumen de control asociado b).

Repitiendo el mismo procedimiento que en el apartado anterior, la ecuación de continuidad en términos de flujos másicos queda como $-\dot{m}_1 + \dot{m}_2 + \dot{m}_{suplibre} = 0$, de forma que

$$v_{suplibre} = \frac{Q_1 - v_2 A_2}{A_{suplibre} - A_1}, \quad v_2 A_2 = Q_2,$$

de forma que el signo de la velocidad venfrá dado por la diferencia $Q_1 - Q_2$, de forma que si Q_1, caudal de entrada de agua al depósito es mayor que Q_2, caudal de salida del depósito, la velocidad del nivel de agua dentro del depósito aumentará al ser esta diferencia positiva y la hipótesis de trabajo será válida. En el caso de que Q_1, caudal de entrada de agua al depósito sea menor que Q_2, caudal de salida del depósito, la velocidad del nivel de agua dentro del depósito

113

disminuirá, al ser esta diferencia negativa.

c) En este caso que se plantea ahora, el volumen de control ya no es fijo, sino que cambia en el tiempo como cambia la superficie libre del agua y se representa en la siguiente figura.

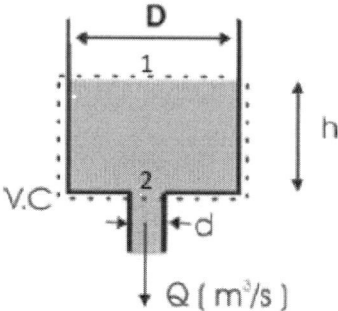

Figura 5.10: Depósito con agua abierto a la atmósfera que se está vaciando a través del tubo 2 y volumen de control asociado.

En primer lugar se vuelve a plantear la ecuación de continuidad; ya que el volumen de control ha cambiado de ser fijo en los dos apartados anteriores a cambiar en el tiempo en este apartado.

$$\frac{\partial}{\partial t} \int_{VC} \rho dV + \oint_{SC} \rho \left[(\vec{v} - \vec{v}_{VC}) \cdot \vec{n} \right] dS = 0.$$

Como el fluido es agua, incompresible de densidad constante, podemos dividir la ecuación por la densidad (valor constante no nulo), así como sabemos que la velocidad del volumen de control es nulo, para obtener:

$$\frac{\partial}{\partial t} \int_{VC} dV + \oint_{SC} (\vec{v} \cdot \vec{n}) dS = 0.$$

La primera integral se resuelve fácilmente y nos da el volumen de agua que contiene el depósito, en la segunda integral dividimos toda la superficie que rodea el volumen de control en superficies de diferentes tipos: superficie libre (abierta), paredes (cerradas) y A_2 (salida de flujo). A través de las paredes cerradas no hay intercambio de flujo, por lo que $\vec{v} \cdot \vec{n} = 0$, en la superficie libre el área es muy grande respecto al área A_2 y, por tanto, la velocidad de disminución de altura de agua en el depósito es muy pequeña, despreciable, y podemos anularla. De esta forma simplificamos la ecuación para obtener:

$$\frac{dV_{VC}}{dt} + \int_{S_2} v_2 dS = \frac{\pi D^2}{4} \frac{dh}{dt} + v_2 A_2 = \frac{\pi D^2}{4} \frac{dh}{dt} + Q_2 = 0$$

y

$$\frac{dh}{dt} = -\frac{4Q_2}{\pi D^2}$$

que es la velocidad de vaciado del depósito. Integrando esta ecuación podemos obtener el tiempo de vaciado también.

$$\int_h^0 dh = -\int_0^t \frac{4Q_2}{\pi D^2} dt \quad \longrightarrow \quad -h = -\frac{4Q_2}{\pi D^2} t \quad \longrightarrow \quad t = \frac{\pi D^2}{4Q_2} h = \frac{V_0}{Q}$$

donde V_0 es el volumen inicial de agua en el depósito.

Problema 9

Un flujo de aire entra en un conducto cilíndrico con velocidad uniforme U_0 y a la salida del mismo el perfil de velocidad que se mide es $u(r) = U_{max}\left(1 - \frac{r}{R}\right)^2$, donde U_{max} es la velocidad máxima en la sección transversal del conducto y corresponde con la velocidad en $r = 0$. Determine el valor de la velocidad con la que ha entrado el flujo U_0 en función de los datos medidos.

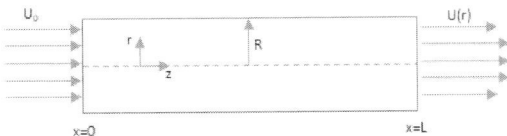

Figura 5.11: Flujo de aire en conducto cilíndrico.

Solución:

Las hipótesis de partida en este problema son: flujo estacionario, incompresible, el volumen de control permanece fijo en el tiempo y en el espacio y las propiedades son uniformes en la entrada del flujo. Bajo estas hipótesis, la ecuación de continuidad queda:

$$\int_{S_{ent}} v_{ent} dS = \int_{S_{sal}} v_{sal} dS$$

sustituyendo los datos del enunciado del problema

$$\int_{S_{ent}} U_0 dS = \int_{S_{sal}} U_{max}\left(1 - \frac{r}{R}\right)^2 dS$$

y

$$U_0 S_{ent} = \int_{S_{sal}} U_{max}\left(1 - \frac{r}{R}\right)^2 2\pi r dr = \frac{2\pi U_{max}}{R^2} \int_0^R (R - r)^2 r dr.$$

Podemos resolver la integral con un cambio sencillo de variable $x = R - r$ y $dx = -dr$, de forma que

$$U_0 S_{ent} = -\frac{2\pi U_{max}}{R^2} \int_R^0 x^2 (R - x) dx = -\frac{\pi U_{max} R^2}{6}.$$

Como $S_{ent} = \pi R^2$, $U_0 = \dfrac{U_{max}}{6}$.

115

Problema 10

Considere el túnel de viento que se muestra en la figura por el que entra un chorro de aire con velocidad uniforme v_1 y presión P_1 a través de la sección A_1. El túnel descarga el flujo de aire a un conducto de sección A_2 con velocidad V_2 y presión P_2. Calcule la fuerza necesaria para mantener el túnel de viento en su posición, despreciando las fuerzas másicas.

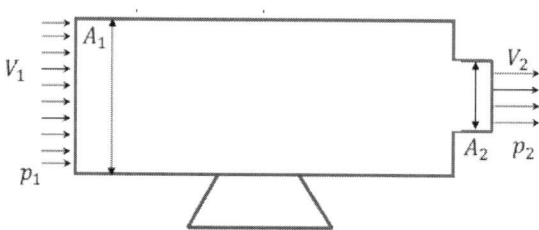

Figura 5.12: Flujo de aire en conducto cilíndrico.

Solución:

Las hipótesis que se plantean en este problema corresponden a un flujo estacionario, de forma que las propiedades y el volumen de control no cambian en el tiempo, por lo que las superficies que rodean y conforman el volumen de control son superficies fijas. Además, se considera el flujo incompresible, densidad constante, los campos de velocidad uniformes tanto en la entrada como en la salida de flujo y las fuerzas másicas despreciables. De esta forma, bajo todas las hipótesis anteriores, la ecuación de conservación de cantidad de movimiento, que es en la que va a aparecer el término de fuerza que se quiere determinar, se reduce a:

$$\oint_{SC} \rho \vec{v} \left(\vec{v} \cdot \vec{n} \right) dS = -\oint_{SC} P \vec{n} dS + \oint_{SC} \tau' \vec{n} dS.$$

Para evaluar las fuerzas de presión, se tiene en cuenta que en la entrada el flujo tiene una presión P_1 y a la salida una presión P_2, mientras que en el resto de superficies, la fuerza de presión, al ser perpendicular a ellas, se anula por simetría. En el caso de las fuerzas de rozamiento, en las superficies de entrada y salida no existen, y en el resto se puede considerar que responden a la fuerza de rozamiento $\vec{F}$ que hacen las paredes del túnel sobre el fluido. En resumen,

$$\vec{F} = [\dot{m}(v_2 - v_1) - P_1 A_1 + P_2 A_2] \vec{i}.$$

Teniendo en cuenta la ecuación de continuidad, $v_1 A_1 = v_2 A_2$, de forma que $A_2 = \dfrac{v_1}{v_2} A_1$, y la expresión del flujo másico $\dot{m} = \rho v_1 A_1$, la expresión de la fuerza queda:

$$\vec{F} = \left[\rho v_1 (v_2 - v_1) - P_1 + P_2 \frac{v_1}{v_2} \right] A_1 \vec{i}.$$

Finalmente, por el principio de fuerzas de acción y reacción, la fuerza que tiene que hacer el fluido para mantener el túnel de viento en su posición es la siguiente, en la que solo hay un cambio de signo a todos los términos y que va en el sentido de la velocidad:

$$\vec{F} = \left[\rho v_1 (v_1 - v_2) + P_1 - P_2 \frac{v_1}{v_2} \right] A_1 \vec{i}.$$

Problemas propuestos

a) Un azud fluvial está constituido por la compuerta rígida OAB de la figura, que es un cuarto de cilindro hueco que gira alrededor de O de anchura unidad. Determine el momento de la fuerza necesario para abrirlo. Desprecie el peso de la compuerta y el rozamiento en la articulación, y considere que la base de la misma (tramo OB) está inundada por el agua al estar comunicado en B con el lado profundo del azud (e incomunicado en O con el otro lado).

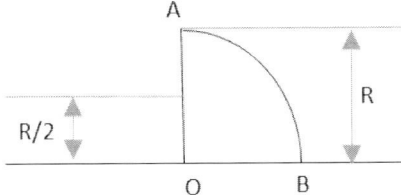

Figura 5.13: Compuerta en un azud.

b) Determine las fuerzas netas horizontales y verticales sobre las superficies de la figura: a) cubo, b) cono con $r = h$ y c) semiesfera con $r = h$.

Figura 5.14: Depósito con superficies de diferente geometría.

c) Despreciando el peso de la vasija cilíndrica de la figura, determine la fuerza ejercida sobre el fondo de la misma.

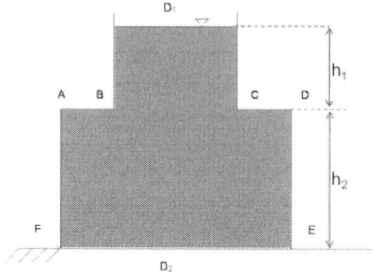

Figura 5.15: Vasija cilíndrica.

d) La compuerta rectangular de la figura, de anchura L en la dirección perpendicular al papel, separa un depósito de agua dulce de agua de mar. ¿A qué altura de la marea h_2 se desagua agua dulce al mar? La compuerta puede rotar en torno al eje O.

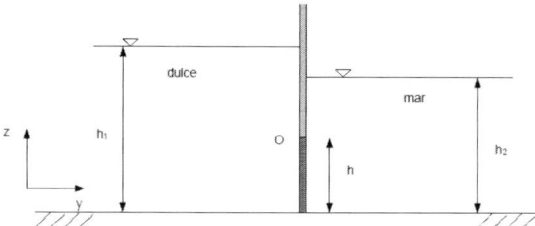

Figura 5.16: Compuerta plana que separa agua dulce de agua de mar.

e) La compuerta de cuarto de cilindro con eje de rotación en O de la figura posee una longitud L=2 m en la dirección perpendicular al papel. Conociendo que el nivel del agua está a 5 m por encima del fondo del canal, se pide determinar:

- La componente vertical y horizontal de la fuerza que actúa y sus respectivas líneas de acción.

- La fuerza necesaria para abrir la compuerta, despreciando el peso de la misma.

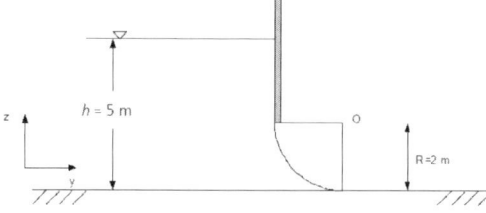

Figura 5.17: Compuerta curva que separa agua dulce de agua de mar.

118

f) Determine el flujo másico en la bifurcación de una arteria como la de la figura 5.18, bajo la condición de flujo estacionario con los datos que se muestran en la figura.

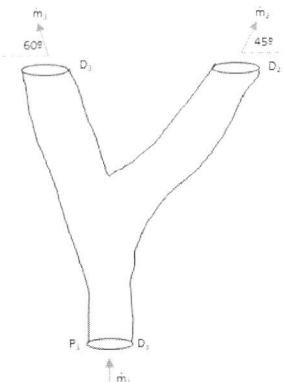

Figura 5.18: Bifurcación de flujo estacionario en una arteria.

g) Calcule la fuerza que tendrán que ejercer los anclajes del siguiente codo que une tuberías si circula por el mismo un flujo estacionario incompresible, siendo la velocidad de entrada del flujo al codo v_1 y la velocidad de salida del mismo v_2, estando la salida desviada respecto a la horizontal un ángulo θ, como se observa en la figura 5.19.

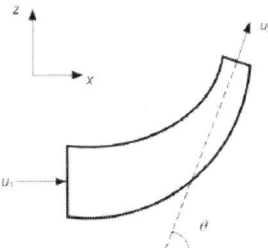

Figura 5.19: Flujo interno en un codo que une dos tuberías de distinta sección.

h) Determine la expresión del gradiente de presión que experimenta un flujo incompresible estacionario a través de una expansión brusca en una tubería de sección circular (perfil en la figura 5.20), siendo las velocidades de entrada y salida del flujo constantes, v_1 y v_2.

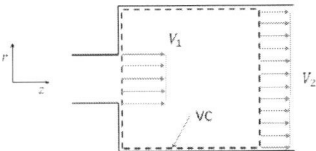

Figura 5.20: Perfil del flujo a través de una expansión brusca en una tubería de sección circular.

Capítulo 6

Ecuaciones diferenciales en flujo viscoso unidireccional

En este último capítulo, se resuelven problemas de Mecánica de Fluidos aplicados al flujo viscoso unidireccional resolviendo las ecuaciones de conservación deducidas en el tema anterior en volúmenes fluidos, en lugar de en volúmenes de control, representadas mediante formulación diferencial. En este caso, se ha buscado el ejemplo más sencillo de flujo que se puede resolver de forma analítica, que es un flujo viscoso que se mueve en una única dirección. Al introducir los efectos viscosos, el análisis se complica considerablemente, ya que las ecuaciones no tienen integrales generales; sino que, para cada geometría de flujo, se debe trabajar de manera individual la relación velocidad-presión. Al considerar el método diferencial para analizar el flujo viscoso se puede emplear cualquiera de los dos métodos siguientes: aplicar la segunda ley de Newton a una partícula fluida introduciendo posteriormente hipótesis simplificativas (flujo estacionario, ignorar una componente del gradiente de presión...) o desarrollar las ecuaciones generales y simplificarlas adecuadamente en cada caso. Para simplificar el análisis nos vamos a centrar en un flujo viscoso incompresible unidireccional; es decir, el movimiento va en una única dirección predominante y la distribución de velocidades tiene una única componente.

Recordemos que si $f : I \subseteq \mathbb{R} \to \mathbb{R}$ es una función derivable en su dominio I, entonces $f'(x)$ denota la derivada de f en el punto $x \in I$ de la variable independiente. La función derivada suele denotarse mediante f', siendo $f' : D \subseteq \mathbb{R} \to \mathbb{R}$, pero también mediante la notación $\dfrac{df}{dx}$. Si $f \in \mathcal{C}^n(I)$, es decir, es derivable hasta n veces, $f^{(k)}$ denotará la función derivada k-ésima de f, definida mediante $f^{(k)} = (f^{(k-1)})'$, con el convenio $f^{(0)} := f$.

Si $f : D \subseteq \mathbb{R}^n \to \mathbb{R}$ es un campo escalar diferenciable en D, las derivadas parciales respecto a cada una de sus n variables x_i $i = 1, \ldots, n$, se denotan mediante $\dfrac{\partial f}{\partial x_i}$, $i = 1, \ldots, n$, y son campos escalares $\dfrac{\partial f}{\partial x_i} : C \subseteq \mathbb{R}^n \to \mathbb{R}$. Las derivadas sucesivas se denotan mediante

$$\frac{\partial^k f}{\partial x_1^{k_1} \cdots \partial x_n^{k_n}}, \quad k = k_1 + \cdots + k_n,$$

121

siendo k el orden de la derivada parcial.

Muchas leyes de la mecánica de fluidos vienen determinadas mediante ecuaciones diferenciales. Recordemos que las derivadas expresan tasas de variación de una función y, por ese motivo, una buena parte de las leyes que rigen el comportamiento de los fluidos expresan relaciones entre una función y sus tasas de cambio.

A modo de ejemplo, recordemos que la segunda ley de Newton,

$$F = \rho \frac{d^2 \text{x}}{dt^2}, \quad \text{equivalentemente,} \quad F = \rho \frac{d\text{u}}{dt} \quad (\text{u} = \frac{d\text{x}}{dt}),$$

establece que la constante de proporcionalidad entre la fuerza aplicada y la variación de la velocidad en el tiempo, o aceleración, es la densidad ρ. Si aplicamos la segunda ley de Newton a un volumen fluido, obtendremos la ecuación de cantidad de movimiento

$$\rho \frac{\partial \text{u}}{\partial t} = \rho \text{g} + \nabla \cdot \sigma,$$

que expresa la aceleración de un fluido en términos de la fuerza y de la divergencia del tensor de esfuerzos.

A continuación, recordamos algunos conceptos importantes relacionados con las ecuaciones diferenciales que nos facilitarán su tratamiento en la resolución de problemas sobre el comportamiento del flujo viscoso unidireccional.

> **Definición 6.1.** Una ecuación diferencial es una ecuación cuya incógnita es una función desconocida que debe calcularse teniendo en cuenta la relación entre sus variables y derivadas, determinada por la ecuación. Una función es una solución de una ecuación diferencial si satisface la condición establecida por la ecuación.

Las ecuaciones diferenciales se pueden clasificar siguiendo varios criterios. Si tenemos en cuenta el número de variables independientes de las que depende la función incógnita, se clasifican en ecuaciones diferenciales ordinarias (EDO) o en ecuaciones diferenciales en derivadas parciales (EDP).

- Una ecuación diferencial se dice que es ordinaria (EDO) si la función incógnita depende de una sola variable independiente. En ese caso, el orden de la EDO es el orden de derivación más alto que aparece en la ecuación. La forma general de una EDO de orden n es la siguiente:

$$F(x, y, y', \ldots, y^{(n)}) = 0, \tag{6.1}$$

donde F es una función que involucra a la función incógnita $y(x)$ que depende de la variable independiente, en este caso, denotada por x, y a sus sucesivas derivadas $y^{(k)}(x)$, $k = 1, \ldots, n$. En ocasiones la derivada de mayor orden de una función viene determinada por las derivadas de orden inferior. Esta situación se describe mediante una ecuación diferencial que se dice viene dada en su forma normal,

$$y^{(n)} = f(x, y, y', \ldots, y^{(n-1)}). \tag{6.2}$$

- La ecuación diferencial se dice que es en derivadas parciales (EDP) si la función incógnita depende de más de una variable independiente y en la ecuación aparecen relacionadas las derivadas parciales respecto de ellas.

Ejemplo 6.2. A modo de ejemplo, vamos a considerar el flujo entre dos placas planas situadas en los planos $y = 0$ y en $y = h$. En este caso, dada la simetría del problema, podremos ignorar la coordenada z y considerar que $u = u(y)$ y la presión P es una función de la variable x, es decir, $P = P(x)$. Podemos escribir entonces,

$$\frac{\partial P}{\partial x} = -G, \quad \nu \frac{\partial^2 u}{\partial y^2} = -G, \quad G = cte.$$

Resolviendo la ecuación diferencial, obtenemos

$$P = P_0 - Gx, \quad u = -\frac{G}{2\nu}y^2 + by + c,$$

donde P_0, b y c son constantes de integración. Si las condiciones de contorno son

$$u(0) = 0, \quad u(h) = 0,$$

obtenemos $c = 0$, $b = -\dfrac{Gh}{2\nu}$ y la solución es

$$u(y) = -\frac{G}{2\nu}y(h - y).$$

De esta manera, la presión cae linealmente con la variable x, y el perfil de velocidad adopta una forma parabólica en cada sección transversal.

Definición 6.3. Un sistema de ecuaciones diferenciales es un conjunto de ecuaciones diferenciales con varias funciones incógnitas. En particular, un sistema de n ecuaciones diferenciales ordinarias de primer orden puede describirse en su forma normal del siguiente modo:

$$y_1' = f_1(x, y_1, \ldots, y_n),$$
$$\vdots$$
$$y_n' = f_n(x, y_1, \ldots, y_n).$$

Observemos que toda ecuación diferencial ordinaria orden n expresada en su forma normal (6.2) puede transformarse en un sistema de n ecuaciones diferenciales de primer orden. Efectivamente, a partir de (6.2), y definiendo:

$$y_1(x) := y(x),$$
$$y_2(x) := y'(x),$$
$$\vdots$$
$$y_n(x) := y^{(n-1)}(x),$$

123

la ecuación diferencial (6.2) puede reescribirse mediante el siguiente sistema de ecuaciones diferenciales cuyas incógnitas $y_1, \ldots, y_n$ satisfacen

$$y_1'(x) \;:=\; y_2(x),$$
$$\vdots$$
$$y_{n-1}'(x) \;=\; y_n(x),$$
$$y_n'(x) \;=\; f(x, y_1, y_2, \ldots, y_{n-1}).$$

Si no imponemos ninguna restricción sobre la función F en (6.1), la ecuación diferencial resulta excesivamente general y poco puede señalarse sobre ella. Sin embargo, al restringir la forma que tiene F, podremos definir diferentes clases de EDOs y demostrar que muchas de estas son resolubles.

> **Definición 6.4.** Una EDO en su forma general (6.1) se dice que es lineal si es de la forma
>
> $$a_n(x)y^{(n)} + a_{n-1}(x)y^{(n-1)} + \cdots + a_0(x)y = g(x):$$

Ejemplo 6.5. Por ejemplo, la EDO lineal de segundo orden

$$u'' - 5u' + 4u = 0$$

tiene como soluciones particulares

$$u(x) = e^{4x}, \quad u(x) = e^x,$$

pero también cualquier combinación lineal entre ambas $u(x) = c_1 e^{4x} + c_2 e^x$.

El ejemplo anterior ilustra que las soluciones de las EDOs pueden depender de constantes indeterminadas que definen familias paramétricas de funciones que resuelven una misma ecuación. Las curvas que describen las soluciones de una EDO se denominan «curvas integrales». Esta situación es bastante habitual, pero no se puede generalizar. Es muy sencillo encontrar ecuaciones diferenciales que no tienen solución. Por ejemplo, la ecuación diferencial $(y')^2 + k^2 = 0$ no tiene ninguna solución si $k \neq 0$; la única solución de la ecuación diferencial $(y')^2 + y^2 = 0$ es la función nula $y = 0$.

Recíprocamente, en condiciones muy generales, dada una familia paramétrica de curvas es posible determinar una la ecuación diferencial de la que son curvas integrales. Por ejemplo, si la familia de curvas queda determinada mediante la siguiente igualdad:

$$f(x, y, c) = 0,$$

donde el valor del parámetro c determina las diferentes curvas de la familia, mediante derivación implícitamente podremos obtener una ecuación diferencial

$$g(x, y, y', c) = 0.$$

Despejando c en $g(x, y, y', c) = 0$ y sustituyendo en $f(x, y, c) = 0$, obtendremos la EDO de la forma $F(x, y, y') = 0$.

Ejemplo 6.6. Consideremos una familia de parábolas cuya ecuación viene dada por $y = cx^2$, $c \in \mathbb{R}$, $c \neq 0$. Si derivamos implícitamente respecto de la variable independiente x, obtenemos

$$y' = 2cx.$$

Al despejar el parámetro c de la ecuación diferencial anterior, podemos escribir

$$c = y'/2x$$

y, finalmente, al sustituir la expresión de c en la ecuación que define a las curvas, obtenemos

$$xy' - 2y = 0,$$

que corresponde a la EDO que determina la familia de parábolas.

Ejemplo 6.7. Consideremos ahora una familia de circunferencias cuya ecuación viene dada por

$$x^2 + y^2 = 2cx, \quad c > 0.$$

Observemos que la ecuación anterior es equivalente a $x^2 - 2cx + c^2 + y^2 = c^2$ y, entonces a la igualdad

$$(x - c)^2 + y^2 = c^2,$$

que nos permite determinar con facilidad que la ecuación corresponde a una familia de circunferencias centradas en el punto $(c, 0)$ y cuyo radio es c. Al derivar implícitamente respecto de x, obtenemos

$$2x + 2yy' = 2c,$$

y, entonces,

$$c = x + yy'.$$

Sustituyendo c en la ecuación que define la familia de circunferencias, obtendremos la EDO para la que estas son sus curvas integrales

$$y' = \frac{y^2 - x^2}{2xy}.$$

En ocasiones, es preciso calcular la familia de curvas que intersecan con otra formando un ángulo constante α. En particular, si $\alpha = \pi/2$, se dice que las curvas son ortogonales. Recordemos algunas definiciones en este sentido.

> **Definición 6.8.** Dos curvas planas forman un ángulo α ($0 \leq \alpha \leq \pi/2$) si en el punto de intersección sus tangentes determinan dicho ángulo. En particular, si $\alpha = \pi/2$ se dice que la familia de curvas es ortogonal a la considerada inicialmente.

Si una familia de curvas está formada por las curvas integrales de una EDO, resulta sencillo determinar también una EDO para la familia de curvas ortogonal a la primera. La resolución de la EDO correspondiente a la familia ortogonal nos permitirá obtener su ecuación.

Recordemos que dos rectas en el plano r_1, r_2, que no son paralelas a los ejes coordenados, y cuyas pendientes son $m_{r_1}, m_{r_2} \in \mathbb{R}$, $m_{r_1}, m_{r_2} \neq 0$, son perpendiculares si las pendientes verifican la siguiente condición:

$$m_{r_1} m_{r_2} = -1.$$

Así pues, si las coordenadas del punto de corte forman el par $(x, y(x))$, la pendiente de la curva es $m = y'(x)$ y un vector tangente a ésta en dicho punto es el vector con coordenadas $(1, m)$. El vector tangente a la curva ortogonal en ese punto es $(1, m')$, tal que $mm' = -1$. Por lo tanto, la pendiente de la curva ortogonal

$$m' = -\frac{1}{m} = -\frac{1}{y'} = -\frac{dx}{dy}.$$

Sustituyendo dy/dx por $-dx/dy$ (o y' por $-1/y'$) en la EDO de la familia original de curvas, obtendremos la EDO de su familia ortogonal.

Ejemplo 6.9. Recordemos que la ecuación diferencial asociada a las parábolas del ejemplo (6.6) es

$$xy' - 2y = 0.$$

Por lo tanto, la ecuación diferencial correspondiente a las curvas ortogonales es

$$\frac{-x}{y'} - 2y = 0,$$

cuya solución es la familia de elipses

$$\frac{x^2}{2} + y^2 = c^2.$$

Ejemplo 6.10. La ecuación diferencial asociada a las parábolas del ejemplo (6.7) puede escribirse así:

$$\frac{dy}{dx} = \frac{y^2 - x^2}{2xy}.$$

La ecuación diferencial correspondiente a las curvas ortogonales es

$$\frac{dx}{dy} = \frac{x^2 - y^2}{2xy}.$$

Teniendo en cuenta que esta ecuación es idéntica a la que determina la familia de circunferencias, intercambiando las variables x e y, podemos deducir que las curvas ortogonales satisfacen,

$$x^2 + y^2 = 2cy,$$

o, equivalentemente, $x^2 + (y-c)^2 = c^2$. Por lo tanto, forman un haz de circunferencias centradas en el punto $(0, c)$ cuyo radio es c.

6.1 Ecuaciones diferenciales de primer orden

A continuación vamos a describir métodos para resolver ecuaciones diferenciales de primer orden, que pueden escribirse mediante la siguiente ecuación normal:

$$\frac{dy}{dx} = f(x, y). \tag{6.3}$$

Definición 6.11. La solución general de la ecuación diferencial de la forma (6.3) es una familia de curvas que satisfacen (6.3) y que dependen de un parámetro, es decir,

$$y = y(x, c), \quad c \in \mathbb{R}.$$

Si consideramos la curva integral que pasa por el punto (x_0, y_0), tendremos que $y_0 = y(x_0, c)$, lo que determinará el valor c_0 de la constante c para esa curva concreta.

Definición 6.12. La curva $y = y(x, c_0)$ se llama «solución particular de la ecuación diferencial» (6.3) para la condición inicial $y = y_0$ cuando $x = x_0$. El problema diferencial

$$\frac{dy}{dx} = f(x, y),$$
$$y(x_0) = y_0,$$

se llama «problema de valor inicial».

Debe tenerse en cuenta que, a pesar de la sencillez de la ecuación anterior, no podemos garantizar la existencia y unicidad de solución de toda ecuación diferencial de la forma (6.3). El Teorema de Picard garantiza que, si las funciones $f(x, y)$ y $\dfrac{df}{dy}$ son funciones continuas en un dominio D rectangular, por cada (x_0, y_0) del interior de D pasa una sola curva integral de la ecuación diferencial (6.3). En el contexto en el que trabajaremos, las condiciones anteriores van a cumplirse y podremos asumir, por lo tanto, la existencia y unicidad de los problemas de valor inicial planteados. En lo que sigue vamos a describir cómo calcular la solución general de varios tipos de ecuaciones diferenciales de primer orden (6.3) y omitiremos el análisis de todas las cuestiones relativas a la continuidad, derivabilidad, etc., que garantizan la existencia y unicidad de solución.

6.1.1 Ecuaciones diferenciales de variables separables

Las ecuaciones en variables separadas son las más sencillas de integrar, pero también las más relevantes. De hecho, cualquier otro método de resolución está basado en manipular la EDO para transformarla en una ecuación de variables separables.

> **Definición 6.13.** Una ecuación diferencial (6.3) se dice de variables separables si $f(x, y)$ se puede factorizar y escribir como producto de una función que solo depende de la variable x y de una función que solo depende de la variable y, es decir,
>
> $$f(x, y) = h(x)g(y).$$

Para resolver la ecuación,

$$\frac{dy}{dx} = h(x)g(y), \tag{6.4}$$

separamos las variables del siguiente modo:

$$\frac{dy}{g(y)} = h(x)dx, \tag{6.5}$$

e integraremos para obtener

$$\int \frac{dy}{g(y)} = \int h(x)dx + c, \quad c \in \mathbb{R}.$$

A continuación debemos calcular una función $G(y)$ que sea primitiva de $\dfrac{1}{g(y)}$, una función $H(x)$ que sea primitiva de $h(x)$ y escribiremos

$$G(y) = H(x) + c, \quad c \in \mathbb{R},$$

que define de forma implícita la solución $y(x)$ de la ecuación diferencial (6.4).

Ejemplo 6.14. Consideremos la siguiente ecuación diferencial:

$$\frac{dy}{dx} = \frac{x^2 - 3x}{y^3}.$$

Claramente, la ecuación es de variables separables siendo $h(x) = x^2 - 3x$ y $g(y) = 1/y^3$. Separando las variables obtenemos

$$\int y^3 dy = \int (x^2 - 3x)dx.$$

Integrando deducimos

$$\frac{y^4}{4} = \frac{1}{3}x^3 - \frac{3}{2}x^2 + c,$$

y, por lo tanto,

$$y(x) = \sqrt[4]{\frac{4}{3}x^3 - 6x^2 + c}, \quad c \in \mathbb{R}.$$

Observemos que si $g(y) = 0$, la separación de variables en (6.5) no puede realizarse y, en ese caso, las soluciones de la ecuación diferencial es trivialmente $y(x) = c$, con *constante*.

Consideremos otros ejemplos.

Ejemplo 6.15. Consideremos la ecuación diferencial

$$\frac{dy}{dx} = x^2 y^2 + x^2,$$

que claramente es de variables separables, ya que $x^2 y^2 + x^2 = x^2(1 + y^2)$. Observemos que $g(y) = 1 + y^2 \neq 0$, por lo que podemos separar las variables para resolver la ecuación del siguiente modo:

$$\int \frac{dy}{1 + y^2} = \int x^2 dx,$$

obteniendo

$$\text{atan}(y) = \frac{x^3}{3} + c, \quad c \in \mathbb{R},$$

y, finalmente, la solución

$$y(x) = \tan\left(\frac{x^3}{3} + c\right), \quad c \in \mathbb{R}.$$

Ejemplo 6.16. Consideremos la ecuación diferencial

$$\frac{dy}{dx} = \frac{y}{x}.$$

En primer lugar, observemos que la función $y = 0$ es una solución de la ecuación. Para el caso $y \neq 0$, separando las variables se tiene

$$\int \frac{dy}{y} = \int \frac{dx}{x},$$

e integrando obtenemos

$$\log y = \log x + c, \quad c \in \mathbb{R},$$

y, finalmente, la solución

$$y(x) = e^{\log x + c} \quad \rightarrow \quad y(x) = e^c x, \quad c \in \mathbb{R}.$$

Ejemplo 6.17. Consideremos la ecuación diferencial

$$\frac{dy}{dx} = y^2 - 9.$$

En primer lugar, observemos que las funciones $y = 3$ e $y = -3$ son soluciones. Para el caso $y \neq 3$ e $y \neq -3$, separando las variables se tiene

$$\int \frac{dy}{y^2 - 9} = \int dx.$$

La integral de la izquierda es racional, por lo que hay que descomponer su integrando como suma de fracciones simples cuyos denominadores son los factores de $y^2 - 9 = (y-3)(y+3)$, es decir,

$$\frac{1}{y^2 - 9} = \frac{A}{y - 3} + \frac{B}{y + 3},$$

donde $A, B \in \mathbb{R}$ se obtienen teniendo en cuenta la siguiente igualdad polinomica $1 = A(y + 3) + B(y - 3)$. Utilizando el método de los coeficientes indeterminados o, dando los valores $y = 3$ e $y = -3$, obtenemos $A = -1/6$, $B = 1/6$ e integrando

$$\frac{1}{6} \log \left(\frac{y + 3}{y - 3} \right) = x + c, \quad c \in \mathbb{R},$$

y la igualdad

$$\frac{y + 3}{y - 3} = e^{6c} e^{6x}.$$

Despejando la solución de la igualdad anterior, se obtiene

$$y(x) = \frac{3 + e^{6c} e^{6x}}{1 - e^{6c} e^{6x}}, \quad c \in \mathbb{R}.$$

6.1.2   Ecuaciones diferenciales homogéneas

Definición 6.18. Una función $f(x, y)$ es homogénea de grado n si verifica la siguiente condición:

$$f(\lambda x, \lambda y) = \lambda^n f(x, y), \quad \lambda \in \mathbb{R}. \tag{6.6}$$

Una ecuación diferencial $y' = f(x, y)$ es homogénea si $f(x, y)$ es homogénea de grado cero, es decir, $f(\lambda x, \lambda y) = f(x, y)$. En ese caso, la ecuación diferencial es de la forma

$$y' = g\left(\frac{y}{x}\right).$$

Ejemplo 6.19. La función $F(x, y) = x^2 y^2 + y^4 + xy^3$ es una función homogénea de grado 4. Efectivamente, dado $\lambda \in \mathbb{R}$, $F(\lambda x, \lambda y) = \lambda^4 (x^2 y^2 + y^4 + xy^3)$.

Ejemplo 6.20. Las ecuaciones diferenciales $y' = 1 + e^{\frac{y}{x}}$, $y' = \sin\left(\dfrac{y}{x}\right)$ e $y' = \dfrac{x^2 + y^2}{x^2}$ son homogéneas.

Para resolver las ecuaciones diferenciales homogéneas, utilizaremos el cambio de variable $v = y/x$ con el que la ecuación se transformará en una ecuación diferencial de variables separables. Efectivamente, teniendo en cuenta que $y = vx$, se tiene $y' = v'x + v$ y podemos escribir

$$\frac{dy}{dx} = u + x\frac{du}{dx}.$$

Al sustituir en la ecuación diferencial obtenemos la siguiente ecuación de variables separables:

$$x\frac{du}{dx} = g(u) - u.$$

Ejemplo 6.21. Consideremos la ecuación diferencial

$$x^2\frac{dy}{dx} = xy + 2y^2.$$

Observemos, en primer lugar, que la ecuación diferencial anterior es equivalente a

$$\frac{dy}{dx} = \frac{y}{x} + 2\frac{y^2}{x^2},$$

que es una ecuación diferencial homogénea. Mediante el cambio de variable $u = \dfrac{y}{x}$, la ecuación se transforma en la siguiente,

$$x\frac{du}{dx} = 2u^2.$$

Para resolverla, separamos las variables

$$\frac{du}{u^2} = 2\frac{dx}{x},$$

e integrando obtenemos

$$-\frac{1}{u} = 2\log(x) + c, \quad c \in \mathbb{R},$$

es decir, $u = -1/(2\log(x) + c)$ y la solución

$$y = -\frac{x}{2\log(x) + c}, \quad c \in \mathbb{R}.$$

6.1.3 Ecuaciones diferenciales lineales

Definición 6.22. Una ecuación lineal de primer orden es una ecuación diferencial que puede escribirse en la forma:

$$a_1(x)\frac{dy}{dx} + a_0(x)y = b(x). \tag{6.7}$$

Algunos casos particulares de este tipo de ecuaciones diferenciales pueden resolverse de una forma especialmente sencilla. Por ejemplo, si $a_0(x) = 0$, la ecuación diferencial es equivalente a la siguiente de variables separables:

$$\frac{dy}{dx} = \frac{a_1(x)}{b(x)}.$$

Por otra parte, si se verifica $a_0(x) = a_1'(x)$, la ecuación diferencial es equivalente a la siguiente:

$$a_1(x)\frac{dy}{dx} + a_1'(x)y = b(x) \quad \rightarrow \quad \frac{d}{dx}(a_1(x)y) = b(x).$$

Por lo tanto, si $B(x)$ es una primitiva de la función $b(x)$, podemos escribir

$$a_1(x)y = B(x) + c, \quad c \in \mathbb{R} \quad \rightarrow \quad y = \frac{B(x) + c}{a_1(x)}.$$

Para el caso general, las ecuaciones diferenciales lineales se escriben en su forma canónica

$$\frac{dy}{dx} + P(x)y = Q(x), \tag{6.8}$$

donde $P(x) = a_0(x)/a_1(x)$ and $Q(x) = b(x)/a_1(x)$ y buscaremos un factor integrante, es decir, una función $\mu(x)$ que al multiplicarla por la ecuación diferencial (6.8) obtengamos

$$\mu(x)\frac{dy}{dx} + \mu(x)P(x)y = \mu(x)Q(x),$$

tal que $\mu'(x) = \mu(x)P(x)$. De esta forma, como hemos visto anteriormente, la solución es

$$y(x) = \frac{1}{\mu(x)}\left(\int \mu(x)Q(x)\,dx + c\right), \quad c \in \mathbb{R}.$$

El factor integrante se calcula mediante la siguiente identidad:

$$\mu(x) = e^{p(x)},$$

donde $p(x)$ es una primitiva de $P(x)$.

Ejemplo 6.23. Consideremos la ecuación diferencial

$$\frac{1}{x}\frac{dy}{dx} - 2\frac{y}{x^2} = x\cos x.$$

132

En primer lugar, escribiremos la ecuación en su forma canónica:

$$\frac{dy}{dx} - 2\frac{y}{x} = x^2 \cos x.$$

El factor integrante es $\mu(x) = e^{\int P(x)\,dx} = e^{\int -2\frac{1}{x}\,dx} = e^{-2\log x} = \dfrac{1}{x^2}$. Si multiplicamos la ecuación diferencial por el factor integrante anterior obtenemos

$$\frac{1}{x^2}\frac{dy}{dx} - 2\frac{y}{x^3} = \cos x \quad \rightarrow \quad \frac{d}{dx}\left(\frac{y}{x^2}\right) = \cos x,$$

y entonces

$$\frac{y}{x^2} = \int \cos x\,dx \quad \rightarrow \quad y = x^2(\sin(x) + c).$$

6.1.4 Ecuaciones diferenciales exactas

Recordemos que las curvas de nivel de un campo escalar $F : D \subseteq \mathbb{R}^2 \to \mathbb{R}$ están formadas por los puntos (x, y) del dominio D para los que el campo toma un valor constante, es decir,

$$F(x, y) = c, \quad c \in \mathbb{R}. \tag{6.9}$$

Estas curvas forman una familia que depende del parámetro o nivel c considerado y por ello decimos que forman una familia uniparamétrica de curvas. Podemos, por lo tanto, plantearnos determinar la ecuación diferencial para la que las curvas de la familia son sus curvas integrales. Con este propósito, derivaremos implícitamente (6.9) y obtendremos

$$F_x(x, y) + F_y(x, y)\frac{dy}{dx} = 0 \quad \rightarrow \quad \frac{dy}{dx} = -\frac{F_x(x, y)}{F_y(x, y)} \quad \rightarrow \quad F_x(x, y)dx + F_y(x, y)dy = 0,$$

con la notación $F_x(x, y) := \dfrac{d}{dx}F(x, y)$ y $F_y(x, y) := \dfrac{d}{dy}F(x, y)$.

Definición 6.24. Una ecuación diferencial de la forma

$$F_x(x, y)dx + F_y(x, y)dy = 0$$

se dice que es exacta.

Recíprocamente, toda ecuación diferencial exacta puede expresarse de la forma

$$M(x, y)dx + N(x, y)dy = 0 \tag{6.10}$$

y si calculamos una función $F(x, y)$ verificando que

$$F_x(x, y) = M(x, y), \quad F_y(x, y) = N(x, y), \tag{6.11}$$

133

podremos concluir que la familia uniparamétrica de curvas $F(x,y) = c$ está formada por soluciones de (6.10).

> **Definición 6.25.** Diremos que el campo $F(x,y)$ es una función potencial de la ecuación diferencial (6.10) si verifica la igualdad (6.11), en cuyo caso $F(x,y) = c$ define las curvas integrales de la ecuación diferencial.

Ejemplo 6.26. Consideremos la ecuación diferencial

$$xdx + ydy = 0.$$

Observemos que si multiplicamos la ecuación por 2 obtenemos una ecuación equivalente $2xdx + 2ydy = 0$ de la forma (6.10) para la que el campo $F(x,y) = x^2 + y^2$ es una función potencial cuyas curvas de nivel, $x^2 + y^2 = c$, forman el haz de circunferencias centradas en el origen y radio $\sqrt{c}$ y son las curvas integrales de la ecuación diferencial.

Ejemplo 6.27. Consideremos la ecuación diferencial

$$(ye^{xy} + 2xy)dx + (xe^{xy} + x^2 + 1)dy = 0.$$

El campo $F(x,y) = e^{xy} + x^2 + y$ es una función potencial cuyas curvas de nivel, $e^{xy} + x^2 + y = c$, son las curvas integrales de la ecuación diferencial.

Cuando las funciones $M(x,y)$ y $N(x,y)$ de una ecuación diferencial (6.10) tienen derivadas parciales continuas, un criterio que permite garantizar si las condiciones (6.11) se cumplen es comprobar si

$$M_y(x,y) = N_x(x,y). \tag{6.12}$$

Si las condiciones (6.12) se cumplen, entonces podremos garantizar que la ecuación diferencial es exacta y sus soluciones corresponden a las curvas de nivel de su función potencial.

Ejemplo 6.28. Observemos que en el ejemplo (6.26),

$$\frac{d}{y}x = 0 = \frac{d}{x}y.$$

Igualmente, en el ejemplo (6.27),

$$\frac{d}{dy}(ye^{xy} + 2xy) = e^{xy} + xye^{xy} + 2x = \frac{d}{dx}(xe^{xy} + x^2 + 1).$$

Una vez que sabemos un criterio sencillo para determinar si una ecuación diferencial es exacta, veamos cómo calcular su función potencial. Para ello consideraremos las ecuaciones diferenciales de los ejemplos (6.26) y (6.27).

Dada

$$xdx + ydy = 0,$$

su función potencial $F(x, y)$, verifica

$$F_x(x, y) = x, \tag{6.13}$$

$$F_y(x, y) = y. \tag{6.14}$$

Teniendo en cuenta (6.13), podemos escribir

$$F(x, y) = \int x\, dx + g(y) = \frac{1}{2}x^2 + g(y),$$

donde $g(y)$ es una función que solo depende de la variable y. Así pues, teniendo en cuenta (6.14), obtenemos

$$y = F_y(x, y) = \frac{d}{dy}\left(\frac{1}{2}x^2 + g(y)\right) = g'(y),$$

y, por lo tanto, $g(y) = \int y\, dy = \frac{1}{2}y^2$. De esta forma deducimos que $F(x, y) = \frac{1}{2}x^2 + \frac{1}{2}y^2$ es una función potencial y, por lo tanto, $F(x, y) = c$ o, equivalentemente $x^2 + y^2 = c$, $c \in \mathbb{R}$, son las curvas integrales de la ecuación.

Dada

$$(ye^{xy} + 2xy)dx + (xe^{xy} + x^2 + 1)dy = 0,$$

su función potencial $F(x, y)$, verifica

$$F_x(x, y) = ye^{xy} + 2xy, \tag{6.15}$$

$$F_y(x, y) = xe^{xy} + x^2 + 1. \tag{6.16}$$

Teniendo en cuenta (6.15), podemos escribir

$$F(x, y) = \int ye^{xy} + 2xy\, dx + g(y) = e^{xy} + x^2y + g(y),$$

donde $g(y)$ es una función que solo depende de la variable y. Así pues, teniendo en cuenta (6.14), obtenemos

$$xe^{xy} + x^2 + 1 = F_y(x, y) = \frac{d}{dy}\left(e^{xy} + x^2y + g(y)\right) = xe^{xy} + x^2 + g'(y),$$

y, por lo tanto, $g'(y) = 1$ y $g(y) = \int 1\, dy = y$. De esta forma deducimos que $F(x, y) = xe^{xy} + x^2 + y$ es una función potencial y, por lo tanto, $F(x, y) = c$ es la ecuación de la familia de curvas integrales de la ecuación.

6.2 Ecuaciones en derivadas parciales

Recordemos que una ecuación en derivadas parciales (EDP) es una ecuación diferencial donde la función desconocida depende de varias variables independientes y sus derivadas parciales deben satisfacer las relaciones establecidas por la ecuación. Al igual que en las ecuaciones diferenciales ordinarias (EDOs), el orden de la derivada más alta es el orden de la EDP y una solución de la EDP es una función que satisface la ecuación.

El rango de aplicación de las EDPs es mucho mayor que el de las EDOs. De hecho, solo los sistemas de la física más sencillos pueden describirse mediante EDOs. En cambio, la resolución de gran parte de los problemas de la mecánica de fluidos conlleva el tratamiento y resolución de EDPs. En cualquier caso, la resolución de muchos tipos de EDPs se basa en la transformación de estas en varias EDOs, por lo que en la sección anterior se ha estimado conveniente el desarrollo de aspectos básicos para su resolución.

Los problemas de flujo viscoso unidireccional que vamos a tratar en este capítulo requieren la resolución de EDPs cuya incógnita es una función u de dos variables y cuya forma general es

$$A\frac{\partial^2 u}{\partial x^2} + B\frac{\partial^2 u}{\partial x \partial y} + C\frac{\partial^2 u}{\partial y^2} + D\frac{\partial u}{\partial x} + E\frac{\partial u}{\partial y} + Fu = G, \tag{6.17}$$

donde los coeficientes de la derivadas parciales de la ecuación $A, B, C, \ldots, G$ también pueden ser funciones de dos variables x e y. Si la función del miembro derecho de la ecuación satisface $G(x, y) = 0$, la ecuación se dice que es homogénea y, en caso contrario, se dice que es no homogénea.

En esta sección estudiaremos con más detalle las ecuaciones lineales de orden 2 en dos dimensiones y con coeficientes constantes, es decir, EDPs de la forma descrita en (6.17) donde $A, B, C, \ldots, G$ son números reales. El discriminante de estas EDPs es el valor $\Delta := B^2 - 4AC$ y la EDP se clasifica según su signo:

- Si $\Delta > 0$, la EDP se dice hiperbólica.
- Si $\Delta < 0$, la EDP se dice elíptica.
- Si $\Delta = 0$, la EDP se dice parabólica.

Esta clasificación se basa en la posibilidad transformar la EDP considerada, mediante un cambio de variable adecuado, en una EDP con una forma estándar del siguiente tipo:

$$\frac{\partial^2 v}{\partial s^2} + \frac{\partial^2 v}{\partial t^2} + \gamma v = \varphi(s, t),$$

$$\frac{\partial^2 v}{\partial s^2} - \frac{\partial^2 v}{\partial t^2} + \gamma v = \varphi(s, t),$$

$$\frac{\partial^2 v}{\partial t^2} + \frac{\partial v}{\partial s} = \varphi(s, t),$$

$$\frac{\partial^2 v}{\partial s^2} - \gamma v = \varphi(s, t).$$

Algunos tipos de EDPs de especial relevancia en la física e ingeniería son los siguientes:

- La ecuación del calor cuya forma general es

$$\frac{\partial u}{\partial y} = k \frac{\partial^2 u}{\partial x^2}.$$

- La ecuación de onda cuya forma general es

$$\frac{\partial^2 u}{\partial y^2} = k^2 \frac{\partial^2 u}{\partial x^2}.$$

- La ecuación de Laplace cuya forma general es

$$\frac{\partial^2 u}{\partial x^2} + \frac{\partial^2 u}{\partial y^2} = 0.$$

El cálculo de la solución general de una EDP de segundo orden puede ser muy complicado, incluso si los coeficientes son funciones constantes. Sin embargo, no resulta tan difícil calcular ciertas soluciones particulares que cumplan varias condiciones adicionales determinadas por el problema a resolver. Las citadas condiciones pueden ser de dos tipos:

- Condiciones iniciales, que son las asociadas a las variables temporales.

- Condiciones de contorno o de frontera que son las relacionadas con las variables espaciales.

El principio de superposición permite calcular soluciones de las EDPs lineales y homogéneas a partir de soluciones conocidas.

Teorema 6.29. *Si $u_1, \ldots, u_n$ son soluciones de una EDP lineal y homogénea, para cualesquiera reales $c_1, \ldots, c_n$, la función*

$$u = c_1 u_1 + \cdots + c_n u_n,$$

es también solución de la EDP.

A continuación se presenta la metodología para resolver EDPs de los tipos anteriores. Como veremos a continuación, algunas ecuaciones diferenciales pueden resolverse mediante integración directa.

Ejemplo 6.30. Para resolver la siguiente EDP:

$$\frac{\partial u}{\partial t} = xe^t + x^2 t^3,$$

basta integrar respecto de la variable t, obteniendo

$$u(x,t) = \int \frac{\partial u}{\partial t}(x,t)\,dt = \int xe^t + x^2 t^3\,dt = xe^t + \frac{1}{4}x^2 t^4 + g(x),$$

donde $g(x)$ es una función que solo depende de la variable x, y su determinación vendrá dada al imponer condiciones de contorno.

Ejemplo 6.31. Para resolver la siguiente EDP:

$$\frac{\partial^2 u}{\partial t^2} = \sin x + tx^2,$$

integraremos respecto de la variable t dos veces del siguiente modo:

$$\begin{aligned}
\frac{\partial u}{\partial t}(x,t) &= \int \frac{\partial^2 u}{\partial t^2}(x,t)\,dt = \int \sin x + tx^2\,dt = t\sin x + \frac{1}{2}t^2 x^2 + g_1(x). \\
u(x,t) &= \int \frac{\partial u}{\partial t}(x,t)\,dt = \int t\sin x + \frac{1}{2}t^2 x^2 + g_1(x)\,dt \\
&= \frac{1}{2}t^2 \sin x + \frac{1}{6}t^3 x^2 + g_1(x)t + g_2(x),
\end{aligned}$$

y las funciones $g_1(x)$ y $g_2(x)$ se determinarán imponiendo condiciones de contorno.

Ejemplo 6.32. Calculemos la función $u(x,y)$ que verifica la siguiente EDP:

$$\frac{\partial^2 u}{\partial x \partial y} = x + y^3, \tag{6.18}$$

y las condiciones

$$u(1,y) = 2y^2 - 4y, \quad u(x,-2) = x + 8. \tag{6.19}$$

En primer lugar, integraremos (6.18) respecto de la variable x y después respecto de la variable y:

$$\begin{aligned}
\frac{\partial u}{\partial y}(x,y) &= \int \frac{\partial^2 u}{\partial x \partial y}(x,y)\,dx = \int x + y^3\,dx = \frac{1}{2}x^2 + xy^3 + g_1(y). \\
u(x,y) &= \int \frac{\partial u}{\partial y}(x,y)\,dy = \int \frac{1}{2}x^2 + xy^3 + g_1(y)\,dy = \frac{1}{2}x^2 y + \frac{1}{4}xy^4 + G_1(y) + g_2(x).
\end{aligned}$$

Así pues, podemos garantizar que la solución del problema diferencial tiene la siguiente forma:

$$u(x,y) = \frac{1}{2}x^2 y + \frac{1}{4}xy^4 + F(y) + G(x). \tag{6.20}$$

Para calcular las funciones F y G imponemos las condiciones (6.19).

Sustituyendo $x = 1$ en (6.20) obtenemos

$$u(1,y) = 2y^2 - 4y = \frac{1}{2}y + \frac{1}{4}y^4 + F(y) + G(1),$$

y podemos despejar $F(y)$ para obtener

$$F(y) = -\frac{1}{4}y^4 + 2y^2 - \frac{9}{2}y - G(1).$$

Al sustituir en (6.20) la expresión obtenida de $F(y)$ deducimos

$$u(x,y) = \frac{1}{2}x^2y + \frac{1}{4}xy^4 - \frac{1}{4}y^4 + 2y^2 - \frac{9}{2}y - G(1) + G(x). \tag{6.21}$$

Sustituyendo ahora $y = -2$ en (6.21) obtenemos

$$u(x,-2) = x + 8 = -x^2 + 4x - 4 + 8 + 9 - G(1) + G(x) = -x^2 + 4x + 13 - G(1) + G(x),$$

y deducimos que $G(x) = x^2 - 3x - 5 + G(1)$ y, finalmente,

$$\begin{aligned} u(x,y) &= \frac{1}{2}x^2y + \frac{1}{4}xy^4 - \frac{1}{4}y^4 + 2y^2 - \frac{9}{2}y - G(1) + x^2 - 3x - 5 + G(1) \\ &= \frac{1}{2}x^2y + \frac{1}{4}xy^4 - \frac{1}{4}y^4 + 2y^2 - \frac{9}{2}y + x^2 - 3x - 5. \end{aligned}$$

6.2.1 Método de separación de variables para resolver EDPs

El método de separación de variables permite resolver varios tipos de ecuaciones en derivadas parciales cuyas soluciones $u(x,t)$ pueden escribirse como producto de funciones con sus variables separadas, es decir,

$$u(x,y) = X(x)Y(y).$$

Sustituyendo en la EDP y teniendo en cuenta que al aplicar las reglas de derivación se verifican las siguientes igualdades:

$$\frac{\partial u}{\partial x}(x,y) = X'(x)Y(y), \quad \frac{\partial u}{\partial y}(x,y) = X(x)Y'(y), \tag{6.22}$$

y, por otra parte,

$$\frac{\partial^2 u}{\partial x^2}(x,y) = X''(x)Y(y), \quad \frac{\partial^2 u}{\partial y^2}(x,y) = X(x)Y'(y), \tag{6.23}$$

la EDP se reduce a la resolución de dos EDOs.

A continuación, ilustramos con varios ejemplos el procedimiento para resolver EDP's mediante el método de separación de las variables.

Ejemplo 6.33. Calculemos la función $u(x,y)$ que verifica la siguiente EDP:

$$\frac{\partial u}{\partial x} = \frac{\partial u}{\partial y}, \quad u(0,y) = e^{3y}. \tag{6.24}$$

139

Si consideramos que la solución puede escribirse como el producto de dos factores $u(x, y) = X(x)Y(y)$ la ecuación se transforma en las siguientes ecuaciones de variables separables:

$$X'Y = XY' \quad \rightarrow \quad \frac{X'}{X} = \frac{Y'}{Y}.$$

Así pues, podemos escribir

$$\frac{X'}{X} = \frac{Y'}{Y}.$$

Teniendo en cuenta que en la identidad anterior las funciones del primer miembro dependen solo de x, las del segundo dependen solo de y y que las variables x e y son independientes, podemos garantizar que ambos cocientes son constantes, y podemos deducir

$$\frac{X'}{X} = \lambda, \quad \frac{Y'}{Y} = \lambda,$$

y, equivalentemente,

$$X' - \lambda X = 0,$$
$$Y' - \lambda Y = 0.$$

Las ecuaciones diferenciales anteriores tienen las siguientes soluciones:

$$X(x) = c_1 e^{\lambda x}, \quad Y(y) = c_2 e^{\lambda y},$$

y, por lo tanto,

$$u(x, y) = X(x)Y(y) = c_1 c_2 e^{\lambda(x+y)} = C e^{\lambda(x+y)}, \quad C := c_1 c_2.$$

Para determinar los coeficientes C y λ, debemos tener en cuenta el valor de la solución en la frontera,

$$u(0, y) = e^{3y} = C e^{\lambda y}, \quad \rightarrow \quad C = 1, \quad \lambda = 3,$$

y podemos concluir que la función

$$u(x, y) = e^{3(x+y)}$$

es la solución del problema.

Ejemplo 6.34. Calculemos la función $u(x, y)$ que verifica la siguiente EDP:

$$\frac{\partial u}{\partial x} = 4 \frac{\partial u}{\partial y}, \quad u(0, y) = e^{-y} + 2e^{y}. \tag{6.25}$$

Planteamos que la solución de (6.25) pueda escribirse como:

$$u(x, y) = X(x)Y(y).$$

A partir de las identidades (6.22) y (6.23), la ecuación se transforma en las siguientes ecuaciones de variables separables:

$$X'Y - 4XY' = 0 \quad \rightarrow \quad \frac{X'}{4X} = \frac{Y'}{Y}.$$

Siguiendo el razonamiento del ejemplo anterior, podemos escribir

$$\frac{X'}{4X} = \lambda, \quad \frac{Y'}{Y} = \lambda,$$

y, equivalentemente,

$$X' - 4\lambda X = 0, \quad Y' - \lambda Y = 0.$$

Las ecuaciones diferenciales anteriores tienen las siguientes soluciones:

$$X(x) = c_1 e^{4\lambda x}, \quad Y(y) = c_2 e^{\lambda y},$$

y, por lo tanto,

$$u(x, y) = X(x)Y(y) = c_1 c_2 e^{\lambda(4x+y)} = Ce^{\lambda(4x+y)}, \quad C := c_1 c_2.$$

Para determinar los coeficientes C y λ, debemos tener en cuenta el valor de la solución en la frontera. Sin embargo, en este caso, si planteamos la igualdad

$$u(0, y) = e^{-y} + 2e^{y} = Ce^{-\lambda y},$$

no va a ser posible obtener los valores de C o λ. Por este motivo, aplicaremos el principio de superposición teniendo en cuenta que la condición de la frontera viene dada por la suma de dos términos. Así pues, a partir de las igualdades

$$C_1 e^{-\lambda_1 y} = e^{-y} \quad \rightarrow \quad C_1 = 1, \quad \lambda_1 = 1 \quad \rightarrow \quad u_1(x, y) := e^{4x+y}$$
$$C_2 e^{-\lambda_2 y} = 2e^{y} \quad \rightarrow \quad C_2 = 2, \quad \lambda_2 = -1 \quad \rightarrow \quad u_2(x, y) := 2e^{-(4x+y)}$$

podemos concluir que la función

$$u(x, y) = u_1(x, y) + u_2(x, y) = e^{4x+y} + 2e^{-(4x+y)}$$

es la solución del problema.

Problema 1

Considere dos placas paralelas horizontales de longitud L en la dirección del flujo (eje x) y longitud infinita en dirección perpendicular al papel (eje z), que se encuentran separadas una distancia h reducida en la dirección y (ver figura 6.1). La placa superior se mueve con velocidad constante U_0, la placa inferior permanece quieta y no existe gradiente de presión entre los extremos de las placas, determine la distribución de velocidad del flujo estacionario que se establece entre las placas.

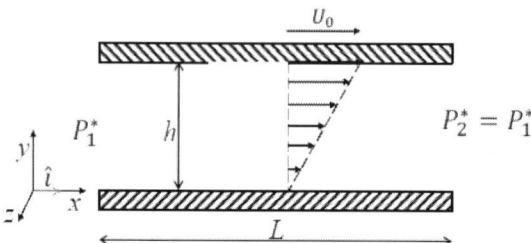

Figura 6.1: Flujo viscoso estacionario unidireccional entre placas planas.

Solución:

Partiendo de la ecuación de cantidad de movimiento en la dirección del flujo (eje x) obtenemos

$$0 = -\frac{dP*}{dx} + \mu\frac{d^2u}{dy^2},$$

y teniendo en cuenta que no existe gradiente de presión ni componente x de las fuerzas de gravedad, y que μ es una constante distinta de cero, la ecuación se simplifica a:

$$0 = \frac{d^2u}{dy^2}.$$

Al integrar esta ecuación dos veces, se obtiene:

$$u = C_1 y + C_2,$$

donde C_1 y C_2 son dos constantes de integración, que se pueden determinar aplicando condiciones de contorno. En este problema, las condiciones de contorno se determinan de la condición de no deslizamiento en las placas o adherencia del fluido a las paredes; es decir: $u(y = 0) = 0$ y $u(y = h) = U_0$. Como el problema es estacionario, no se necesitan condiciones iniciales. Al aplicar las condiciones de contorno: $0 = C_1 \cdot 0 + C_2 \rightarrow C_2 = 0$ $U_0 = C_1 h + C_2 = C_1 h \rightarrow C_1 = \frac{U_0}{h}$ y la distribución de velocidad queda $u(y) = \frac{U_0}{h}y$. Se observa que en un flujo de este tipo la distribución de velocidades es lineal en la coordenada y, y la presión se comporta de forma hidrostática, independientemente de que la velocidad no sea nula. La presión motriz se mantiene constante en la dirección del flujo, ya que no existe un gradiente de presión en esta dirección, según indica el enunciado.

Problema 2

Considere el flujo plano que se produce al deslizarse lentamente una película delgada de fluido por una pared vertical (infinita en dirección z) debido a la gravedad, como se muestra en la figura 6.2. En esta situación no existe ninguna presión que intervenga en el movimiento del flujo, sino que el fluido solo se desliza por gravedad. Determine el perfil de velocidades en el fluido.

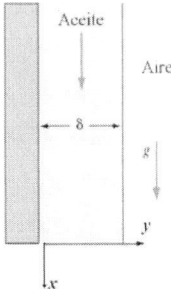

Figura 6.2: Flujo viscoso estacionario que desliza sobre una pared vertical por gravedad.

Solución: Partiendo de la ecuación de cantidad de movimiento en la dirección del flujo (eje x)

$$0 = -\frac{dP*}{dx} + \mu\frac{d^2u}{dy^2}.$$

En primer lugar, podemos evaluar la presión motriz en este problema, que vendrá representada por $P* = P + \rho g x$ según el sistema de coordenadas elegido. Al derivar la presión motriz respecto al eje x, como indica la ecuación, obtendríamos: $\frac{dP*}{dx} = \frac{dP}{dx} + \rho g$, y si sustituimos en la ecuación anterior, obtenemos

$$0 = -\frac{dP}{dx} - \rho g + \mu\frac{d^2u}{dy^2}.$$

Al no haber gradiente de presión entre los extremos, $\frac{dP}{dx} = 0$, y la ecuación diferencial a resolver sería

$$0 = -\rho g + \mu\frac{d^2u}{dy^2} \rightarrow \frac{d^2u}{dy^2} = \frac{\rho g}{\mu}.$$

Para resolver esta ecuación, la integramos dos veces, obteniendo:

$$u(y) = -\frac{\rho g y^2}{2\mu} + C_1 y + C_2.$$

Las condiciones de contorno para este problema son $u(y = 0) = 0$ porque la pared vertical está quieta. En el otro extremo, dado que es una película de líquido en contacto con el aire, no pueden existir esfuerzos viscosos; por lo que $\frac{du}{dy}\bigg|_{y=\delta} = 0$. Imponiendo estas condiciones de contorno, obtendremos las dos constantes de integración.

$$0 = -\frac{\rho g \cdot 0}{2\mu} + C_1 \cdot 0 + C_2 \quad \rightarrow \quad C_2 = 0,$$

$$0 = -\frac{\rho g \delta}{\mu} + C_1 \quad \rightarrow \quad C_1 = \frac{\rho g \delta}{\mu}.$$

Sustituyendo las constantes en la distribución de velocidades, quedaría

$$u(y) = -\frac{\rho g y^2}{2\mu} + \frac{\rho g \delta}{\mu} y = \frac{\rho g}{2\mu} y(2\delta - y).$$

Como $\delta > y$, la velocidad será siempre positiva, y el flujo se moverá hacia abajo.

Problema 3

Considere el flujo viscoso unidireccional incompresible en un tramo recto de tubería de sección transversal circular en el que existe un gradiente de presión entre sus extremos (ver figura 6.3). Determine la distribución de velocidad de este flujo.

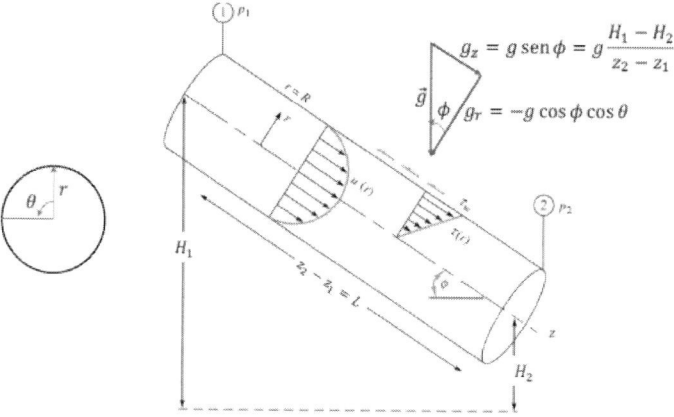

Figura 6.3: Flujo viscoso en un tramo recto de tubería de sección transversal.

Solución: Partiendo de la ecuación de cantidad de movimiento en la dirección del flujo (eje x en problemas anteriores y eje z en un sistema de coordenadas cilíndrico como el actual),

$$0 = -\frac{dP}{dz} + \rho g \operatorname{sen}\phi + \mu \frac{1}{r} \frac{d}{dr}\left(r\frac{du}{dr}\right).$$

Podemos separar el término de la presión y resolverlo por separado respecto al término de velocidad y aplicar las condiciones de contorno que, en este caso, serían: la condición de simetría que indica que en el eje $r = 0$ la velocidad toma un valor máximo o mínimo y, por tanto, su derivada es nula $\frac{du}{dr} = 0$ en $r = 0$ y, que en la pared de la tubería, la velocidad del fluido en contacto con ella es nula y, por tanto, $u(r = R) = 0$. De forma que $C_1 = 0$ y $C_2 = \dfrac{\Delta P}{4\mu} R^2$, obteniendo la siguiente distribución de velocidad: $u(r) = \dfrac{\Delta P}{4\mu}(R^2 - r^2)$, que representa un perfil de velocidades de Hagen-Poiseuille para un conducto de sección circular axisimétrico con gradiente de presión entre sus extremos.

Problemas propuestos

a) Considere el flujo viscoso estacionario que desliza entre dos placas planas fijas e infinitas en la sección transversal separadas una distancia h en el que existe un gradiente de presión entre sus extremos, como se representa en la figura 6.4. Determine el perfil de velocidad del flujo.

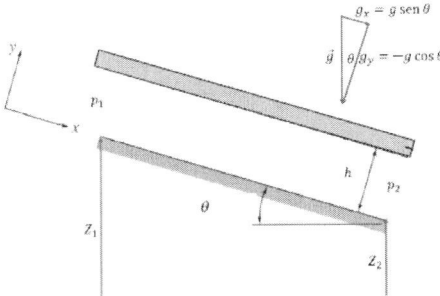

Figura 6.4: Flujo viscoso estacionario deslizando entre placas planas inclinadas quietas con gradiente de presión.

b) Considere el flujo viscoso unidireccional incompresible de un fluido en un espacio reducido entre dos placas planas inclinadas un ángulo θ (figura 6.5). La placa superior se mueve a velocidad constante U_0 y la inferior se mantiene quieta. Determine la distribución de velocidad en el flujo.

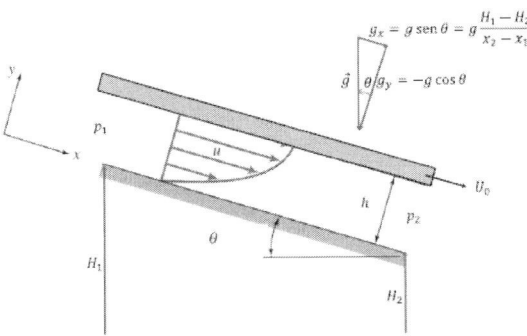

Figura 6.5: Flujo viscoso estacionario entre placas planas inclinadas con la placa superior moviéndose a velocidad constante.

c) Considere el flujo que se establece en un fluido que se encuentra en el espacio entre dos placas planas horizontales que se encuentran separadas una distancia h. La placa superior se mueve con velocidad constante U hacia la derecha; y la inferior se mueve con velocidad constante $-U$ hacia la izquierda. Se quiere conocer el perfil de velocidades que se genera para el fluido entre las dos placas. Si no existe gradiente de presión, calcule la distribución de velocidad.

Bibliografía

[1] T. Apóstol. *Calculus*. Vol I. Ed. Reverté, S.A.

[2] T. Apóstol. *Calculus*. Vol II. Ed. Reverté, S.A.

[3] A. Crespo, *Mecánica de Fluidos*, Ed. Paraninfo.

[4] P. M. Gerhart, *Fundamentals of Fluid Mechanics*, Addison Wesley.

[5] R. P. Hostetler, B. H. Edwards, T. E. Larson, *CÁLCULO I*, McGraw Hill.

[6] R. P. Hostetler, B. H. Edwards, T. E. Larson, *CÁLCULO II*, McGraw Hill

[7] P. K. Kundu, I. M. Cohen, *Fluid Mechanics*, Academic Press.

[8] L. D. Landau, *Fluid Mechanics*, Pergamon Press.

[9] R. L. Mott, *Mecánica de fluidos*. 7ª Ed. Pearson Educación, 2015.

[10] B. R. Munson *et al.*, *Fundamentals of Fluid Mechanics*, Wiley.

[11] A. R. Patterson, *A First Course in Fluid Dynamics*, Cambridge Univ. Press.

[12] V. L. Streeter, E. B. Wylie, *Fluid Mechanics*, McGraw-Hill.

[13] J. Spurk, *Fluid Mechanics*, Springer.

[14] V. Tomeo, I. Uña, J. San Martín, *Problemas resueltos de cálculo de una variable*, Thomson.

[15] V. Tomeo, I. Uña, J. San Martín, *Problemas resueltos de cálculo en varias variables*, Thomson.

[16] D. J. Tritton, *Physical Fluid Dynamics*, Oxford Science Pub.

[17] F. M. White, *Mecánica de fluidos*. 6ª Ed. McGraw-Hill, 2008